对得起时间，对得起自己

谷润良 著

图书在版编目（CIP）数据

对得起时间，对得起自己 / 谷润良著. -- 北京：民主与建设出版社, 2017.12 （2022.11重印）

ISBN 978-7-5139-1844-2

Ⅰ.①对… Ⅱ.①谷… Ⅲ.①人生哲学—通俗读物 Ⅳ.① B821-49

中国版本图书馆 CIP 数据核字 (2017) 第 295954 号

© 民主与建设出版社，2017

对得起时间，对得起自己
DUIDEQISHIJIAN DUIDEQIZIJI

出版人	许久文
作　者	谷润良
责任编辑	刘树民
封面设计	金牍文化
出版发行	民主与建设出版社有限责任公司
电　话	（010）59417747 59419778
社　址	北京市海淀区西三环中路 10 号望海楼 E 座 7 层
邮　编	100142
印　刷	天津融正印刷有限公司
版　次	2018 年 1 月第 1 版
印　次	2022 年 11 月第 2 次印刷
开　本	880 mm × 1230 mm　1/32
印　张	9.25
字　数	220 千字
书　号	ISBN 978-7-5139-1844-2
定　价	39.80 元

注：如有印、装质量问题，请与出版社联系。

人活着啊,
就该有点儿不切实际的想法,
就该有点儿冒险精神。

不怕日子平淡，
就怕你的心死水微澜。
时刻保持一颗好奇心，
你自会发现，
生活处处充满了光辉。

梦想的意义,从来不是实现,而是追寻。
而我们最理想的状态,也从来不是抵达,
而是在路上。

没有人可以永远做你的后盾,你,才是自己的后盾。
多一分努力,才会在意外来临的时候,少一分倒下
的可能性。

不要等，没有人知道下一秒会发生什么。

在想念和遗忘的角力中，
许多时光就那么过去了。
像风吹过林梢，
什么也不会留下。

序言

有一次在一个作者群里,看到阿良同学在怼一个作者,我当时觉得,这个小伙子有点意思。

自媒体时代起来了一大批莫名其妙的作者,他们的文章传播力比很多传统文学的传播力更惊人,但他们写的东西,全是情绪,全是与自己价值观不符但能哗众取宠的东西,为了获取高点击,没人再关心逻辑、文学性与价值观,因为人人都在很污的标题、很低级的泄愤中得到了好处,而那些保持底线、三观正的作者成了阿良口中的"十九线青年作家"。

也是奇怪了,我从这位自称"十九线青年作家"的自嘲与倔强里，看到了自媒体写作难能可贵的希望。

一个作家的正直与底线决定着一个作家能走多远。阿良每天像一个俏皮的小孩，在每一次的写作中维系着自己认定的价值观，并在漫长的写作岁月中冲撞、落地、摸摸头、飞起，如此往复。

坚韧，也可爱，像极了很多人的青春。

朴树在一次访谈中承认自己写《白桦林》的时候取巧了，耍了小聪明，他认为这不真诚，所以很长一段时间都心怀羞愧。

当一个人写到一定程度，他慢慢就会拥有了自己的底线，也叫贞操，这会让他们鄙视炫技与讨好，愿意与我们分享内心的真诚。

但到达这个程度之前，很多人上来就选择了去做一个二皮脸，他们才不会把真实的一面给你看，他们只会把读者当傻子，晚上蹦迪、泡妞、大保健，白天正能量、温暖、道貌岸然。

我欣赏阿良，是因为阿良上来就选择了正直。

他的文，没有那么多华丽的矛盾与博人眼球的夸张。他就像每个上班族少年一样，挤着地铁上下班，穿越太古里的优衣库，繁华中涩涩一笑，而后汇入人流。到家开门，一个四仰八叉，捧起一本书，入夜后放下文人的傲慢与悲哀，写一段故事，聊一段过往，跟你掰扯各种他认为不对的地方。

所以，你总能从阿良的书中，看到倔强，看到清醒，看到一个人的不退让,看到一个棱角分明的人的感伤,看到一觉醒来的明媚,看到一个少年吃着外卖还对半壁江山的思之如狂。

这大约,便是你我都在寻找的希望。

初小轨

2017年8月26日

于大理

目 录

Part1 我不愿庸碌无为湮没在人群

你敢不敢和别人不一样？//002

我不愿庸碌无为湮没在人群 //007

人活着啊，就该有点儿不切实际的想法 //012

在平淡如水的日子里，熠熠生辉地活着 //018

这辈子，总要拼尽全力做好一件事 //023

人生在世，最贵不过"喜欢"二字 //029

Part2　比实现梦想更有意义的，是追寻梦想的过程

比实现梦想更有意义的，是追寻梦想的过程 //036

想得越多越迷茫，做得越多越明朗 //041

你现在找的每个借口，都会阻碍前行的路 //046

为什么要努力？这是我听过最现实的答案 //051

努力不一定成功，但一定能成为更好的自己 //059

因为你只有一辈子，所以要活成自己的样子 //064

你怎能倒下，身后都是等着看你笑话的人 //069

Part3　没有不够用的时间，只有不想做事的心

你成不了事，是因为没把它当成事 //078

我之所以努力，是为了有一天能够潇洒地做自己 //083

你羡慕别人成功，为什么不羡慕别人吃的苦？//089

没有不够用的时间，只有不想做事的心 //095

贫穷并不可耻，可耻的是甘于贫穷 //100

你那么喜欢找捷径，一定走了不少弯路吧 //106

别人的成功都有猫腻，那你就心安理得地失败吧 //111

Part4　人生没有太晚的开始，但你不妨早一点

别在被社会淘汰之前，自己淘汰了自己 //116
别让你的人生毁在这个习惯上 //121
你要允许自己失败，大不了从头再来 //125
人生没有太晚的开始，但你不妨早一点 //130
你的问题恰恰在于不愿将就 //134
你永远也配不上那个不爱你的人 //139
不怕你懒，就怕你把懒当时尚 //144
无路可走之时，才有可走之路 //149

Part5　年轻人，你为什么总是不快乐?

年轻人，你为什么总是不快乐？//160

你心里是不是也住着一个不可能的人？//166

所有让你要死要活的爱，都不是真爱 //171

生活对你的每一次刁难，都是善意的提醒 //177

自己没本事，就别怪人家势利 //182

你为什么而活？//186

我情愿做你一辈子的备胎 //191

积极的心理暗示对一个人有多重要？//197

低质量的热情，不如高质量的冷漠 //202

不对孩子随便发脾气，是父母的底线 //207

Part6　你有英雄梦想，也请尊重我平凡的生活

真抱歉，没能活成你眼中该有的样子 //214

你眼里只有成功，活得也太失败了吧 //219

你努力就够了，不必拼命；你坚持就够了，无须咬牙 //225

你有英雄梦想，也请尊重我平凡的生活 //230

想你是真的，想忘了你也是真的 //235

认真生活，是我们对故人最好的怀缅 //240

我的妈妈是个名副其实的"心机女" //245

不戳别人的痛处，是一种教养 //254

为什么读了"鸡汤"，精神两三天，接下来又蔫了？//259

喜欢发朋友圈的人都是宝宝，需要一个拥抱 //265

想要建立良好的人际关系，必须记住这一点 //270

后记

"鸡汤"不是用来指导人生的 //275

Part1
我不愿庸碌无为湮没在人群

你的生活不需要标准模板，
所谓的成长，
就是接受自己最真实的样子，
成为最独特的自己。

你敢不敢和别人不一样？

1

再过几天，外甥女要去市里参加舞蹈比赛，学校定制的舞蹈服价格昂贵，于是，姐姐托我在网上选一件。最近，老家的网络坏掉了，还在检修阶段。

我满口答应下来，但迟迟选不到合适的。学校定制的舞蹈服是粉红色，蕾丝花边的袖口，小兔子头饰。网络上粉红色的倒是有，但没有小兔子头饰，有小兔子头饰的呢，又缺了蕾丝花边。总之，没有一件令人满意。

比赛的日子愈来愈近，姐姐犯愁了。

我劝她，和别人一样交两百块，让学校统一定制得了。

姐姐思忖良久，说："不，太贵了，两百块在老家可不算小数目，再说，舞蹈服也就是一次性的东西，平日里穿不着。"

我笑了，似乎电话那头能看到一样，拍拍胸口对她说："你花钱，我买单，不就两百块嘛，这就给你打过去。"

姐姐连连婉拒："不要，你在北京也不容易。"

我刚要回话，被外甥女打断了，她接过姐姐的手机说："舅舅，你随便买一套好了，和别人不一样，我站在舞台上，才会被观众一眼看到啊。"

不晓得为什么，外甥女无意间的一句话，突然击中了我。

我当然知道，学校有学校的传统，比赛有比赛的规矩，不能自作主张。但是，放到整个人生里去看，我和别人不一样，正是我身上最闪亮的地方啊。

为什么要怕和别人不一样？

2

我就读的大学是一所师范院校，基本上，大部分毕业生都会选择做老师，或者考公务员，可以理解，稳定嘛。阿川是我的室友，起初，也和许多人一样，考取了公务员，而且是杭州市的公务员。

在竞争如此激烈的环境下，一所三流学校的毕业生，考取了大城市的公务员，实属不易。阿川来自农村，一时间，光耀门楣。他去单位报到,一大家子都赶来送行,包括70多岁的奶奶。

可是,不到两年,阿川就辞职了。

为什么?

有一天,阿川如常去单位上班,买早点的时候,发现一家新店在卖转炉烧饼。多少年没吃家乡的美味了,儿时的记忆全回来了。阿川一口气吃了5个,吃得满脸是泪。看着夫妻店主,一个揉面,一个待客,言笑晏晏的样子,阿川当即决定,自己也要开一家这样的店。

阿川说:"你懂我那一刻的感受吗?我受够了机关单位的蝇营狗苟,突然发现生活原来也可以有另一番样子,简简单单,平和安然,做自己喜欢的食物给别人吃,又能以此为生,是多么幸福的一件事。"

我懂,当然懂。但是,外界的阻力可想而知。父亲一度以为他疯了,甚至以断绝父子关系相要挟,而母亲一天打来上百个电话,唯恐他落入传销组织。

一晃三年过去了,阿川开了两家烧饼店,雇了6个店员,生意正是红火的时候。

我们总是说,要做自己,过自己喜欢的生活。可是,每天都和别人迈着整齐划一的步子,又如何活出自己想要的样子?

不走寻常路,才配拥有快意人生。

3

在出版社实习的时候，采访过一位知名作家。

20世纪80年代中后期，他开始写作先锋文学，打破公认的规范和传统，不断创造新的艺术形式和风格，引进被忽略的、禁忌的题材，向传统文化的教条和信念发起挑战。一时间，在文坛引起轩然大波，评论家口诛笔伐，读者也纷纷不买账，为什么？过于新奇的意象、颠覆传统的小说结构，使得阅读有了障碍，大家读不进去，或读不明白。

他说，那是自己整个写作历程中最灰暗的一段日子，如同一个人穿越幽深的隧道，久久看不到光。不仅如此，周遭充斥的，全部是冷眼和嘲笑。他每每从噩梦中醒来，梦中的自己，不是被队伍抛弃了，就是被世界隔绝了，哭啊，喊啊，听到的，只是自己喑哑的回声。

即便如此，他还是坚持了下来，以笔为灯，在先锋文学的羊肠小道上踽踽独行。不久，春天就来了，春风吹来了，越来越多的作家加入了先锋文学的队伍，而文坛也渐渐接纳了这一题材，有了欣欣向荣的趋势。

如今，先锋文学早已成为文学史上不容忽略的一笔，一代代年轻作家都不同程度地受到了影响，而他也理所当然地成为先锋文学的代表人物，被世人广泛称誉。

4

你知道一个人最可怕的心态是什么吗?

从众。

念幼儿园,上绘画课,看到别的小朋友把天涂成蓝色的,于是,你擦掉自己的红色,跟着涂成蓝色。

读了高中,分文理科,看到大部分人都选了理科,于是,你按捺住想读文科的冲动,跟着选了理科。

大学毕业,找工作,看到百分之九十的人都报考了事业单位、公务员,于是,你抑制住创业的冲动,告诉自己不靠谱,跟着寻找"稳定"的工作。

一个从众的人,是没有前途的。因为他不知道,一个人的特点,往往就是他的优点、他的闪光点。你和别人不一样,才能绽放属于自己的光芒。

乔布斯如果从众,不会有今天的苹果。

周星驰如果从众,不会有今天的无厘头电影。

凡·高如果从众,我们看不到燃烧的"向日葵"。

莫言如果从众,我们读不到充满了血性的《红高粱》。

有句歌词说得好,当我和世界不一样,那就让我不一样。你敢不敢和别人不一样?敢,就在人群中发亮;不敢,就在人群中湮没。

我不愿庸碌无为湮没在人群

1

我从小就有文学梦，冥冥中，总觉得有一天会成为作家，书店里卖着自己的书。

念初中的时候，开始投稿，写一些"花花草草"的抒情散文。爸爸说："你别写了，想当年我也投过稿，一篇都没发表过，白耽误工夫。"可谓一语成谶，初中三年，我投出的每一篇稿子都石沉大海。但我依然默默地写着，写着。

后来我读了高中，正值青春期，写了许多伤春悲秋的文章，一笔一画，一篇又一篇，写在软皮本上，放在课桌里。有一天，前排的学生做值日，无意中发现了我的秘密。她转过头，不无揶揄地笑着说："小伙子，以前我也像你一样做过梦……总之，你开心就好。"

我什么也没说。第二天，作业写完，望着窗外的落叶，我又下意识掏出软皮本，写了起来。

再后来，去济南读大学。有位研究文学的老师知道我在写作，偶尔在纸媒发表"豆腐块"，便半开玩笑地对我说："像你这个年龄的，人家都出好几本书了。"

我讪讪地点头。自己安慰自己，写作是一个人的事，为什么要和别人比？

时至今日，我出版了第一本书，签下了第二本书，文章经常被各大媒体转载，也开始有读者称我为"作家"。我当然知道自己离这个词的距离有多远，但同时，也不得不承认，我确实走在了这条路上，我小心翼翼守护的梦想，开始发芽了。

坚持了那么多年，除了喜欢，还有一个很重要的原因是，我不想活成庸庸碌碌的大多数，多年后，以一个"过来人"的口吻笑着对年轻人说："不要太天真。"

2

阿德是我的邻居，高考落榜后，一个人跑去南京打工了。

在我们农村，考不上大学，从某种程度上说，这辈子就算完了——剩下的无非娶妻生子，养家糊口，了此一生。怎么过一天，也就怎么过一辈子。

两年后，经亲戚介绍，阿德和邻村一个女孩结婚了，第三年，阿德做了爸爸。随后，像许多农民工一样，把孩子丢给家里的老人，夫妻俩一起外出挣血汗钱。

至此，在几乎所有人眼里，阿德的命运也就这样了吧。钱挣得多点儿，回家盖个楼房，下半生过得舒服一些；钱挣得少，回家守着老屋过日子，温饱也不成问题。总之，庄稼人的一生，隐隐画上了句号。

阿德每年回家一次，在家不过五六天，所以，许多年里，大家都遗忘了他的存在。然后，突然有那么一年，那么一天，他开着车回家了。次年，老家上了大锁，父母与孩子也一起和他搬进了城里。

是的，在29岁这一年，阿德从一个打工仔，摇身一变，成了老板，在一家韩国企业里身居要职。

没有人知道阿德这些年经历了什么。我们看到的，都是他的光鲜亮丽，至于他在黯淡的岁月里，究竟摸索了多久，谁又真的在乎呢？

不晓得为什么，我想起有一年冬天。那时候，阿德还没有结婚，我们在巷口相遇了，我说："你们同学聚会是哪一天？"他笑了笑，语带凄惶："我们班聚会的都是大学生。"似乎只说了半句，又似乎，把一肚子的话都说完了。

如今，阿德的手下都是大学生，越来越多的大学生，一时间，分不清甲乙丙丁。而阿德，却是他们部门里唯一的老板。

3

河北省邢台市某个村子，有一个男孩，从小痴迷电影。

一次和妈妈下地干农活，回来的时候经过一户人家，14寸的黑白电视里，正播放着一部电影。男孩随口说："有一天，我也会出现在电影里。"知道他在说胡话，妈妈一笑了之。

14岁这一年，男孩去了北京，一个人开始了北漂生涯，驻守在北影厂门口，做起了群众演员。钻铁丝网，头上被划得流了好多血；渡河，差点儿被淹死；做333个单杠大回环，手上磨掉了一大块皮，忍痛继续拍。过程中，多少人坚持不下去，放弃了，去找了别的工作，北漂对他们来说，只是一种体验，而他咬牙坚持了下来，等来了属于自己的春天。

2003年，被李扬选中，主演《盲井》，荣获金马奖最佳新人奖等多个奖项。2004年，被冯小刚选中，参演《天下无贼》，与刘德华、刘若英演对手戏，获得更多关注……如今，他早已成为家喻户晓的明星。

回顾这些时光，最令他感慨的，还是北漂的最初几年。大概有那么两三年,他没有回家,为什么?没有钱。他打定主意,告诉自己,不闯出一番名堂来,绝不和家里联系。

如今,他成了整个邢台市的一张名片。

是的,他的名字叫王宝强。

4

小时候,我们每个人都对未来充满了憧憬,我要当科学家,我要当画家,我要当宇航员,我要当……随着年龄的增长,经历了理想与现实的碰撞,我们胆怯了,我们畏缩了,就像一只原本腾空的气球,突然被扎开了一个口子,干瘪地匍匐在地上,最后只求一碗饭吃。

这世上来来往往的人啊,你能分得清"你我他"吗?你和别人,有哪怕一点不同吗?挤着早高峰地铁去上班的路上,看看周围那一张张疲惫的脸、一张张麻木的脸,他们也有过激情万丈的年代吗?又是什么时候,心里的火焰熄灭了呢?

有多少人,一辈子领着一份工资到老,到死;有多少人,他们的人生,就是简单的两个字,活着。蝼蚁一样地活着,从呱呱坠地到白发苍苍,什么痕迹也不会留下。

问问自己,你愿意吗?

我不愿,我不愿庸碌无为湮没在人群。

人活着啊，就该有点儿不切实际的想法

1

高中一年级，第一次班会上，班主任让我们在纸条上写下高考志愿，收上来，三年后的今天，再发下去。看有多少人实现了愿望，又有多少人扼杀了愿望，以此激励大家好好学习。

班长收到我们这一排的时候，禁不住笑出了声音。是的，尽管大家都把纸条折了起来，但多少总有那么几个没折好，露了出来。"是你写的吧？小榆，衷心祝福你考上清华啊，以后我也可以和别人吹吹牛，'你们知道吗，我有同学念清华哦'。"班长碰了碰小榆，小榆的脸即刻红了，垂下头，几乎趴在了课桌上。

一时间，同学们哄堂大笑。班主任猛敲了几次板擦，声音

才止息了。

后来，原本沉默寡言的小榆，更加沉默了。他极少和别人聊天，路上遇见了，也只是远远地打个招呼。高中三年，他几乎将所有的时间都用在了学习上，活得像个流水线上的工人。多少次，教室里响起了第一阵读书声，那是他；宿舍里熄灭了最后一盏灯，那也是他。

我知道他心里憋着一口气。可是，三年后，他并未考取清华大学，而被厦门大学录用了。领取通知书的那个下午，我极力想安慰他，他却并未放在心上，"如果当初我没有把目标定为清华，今天又怎么可能考上厦大呢？厦大，不知是多少人梦寐以求的学校，我知足了"。

谁说不是呢？人活着啊，就该有点儿不切实际的想法。正是这些不切实际的想法，激发了我们的斗志，不求最好，只求更好。

2

余秀华，当今文坛一个响当当的名字，十年前，不，五年前，你知道她是谁吗？脑瘫患者，高中文化，农村妇女，如果你听说她有一个诗人梦，是不是会笑掉大牙？

是啊，像她这样一个人，依照常理，不就应该过着平淡无聊、

"一眼望到死"的生活吗？喂喂兔子，和丈夫怄气，盼着念大学的儿子逢年过节回趟家，日子白驹过隙，弹指间，老了，死了，埋了。蝼蚁一样的人生，世上没有几个人记得她。

然而，她选择了另一条路，写诗，以写诗的形式来对抗庸俗生活。她不知道写诗这条路有多难走吗？她当然知道。可是，她还是把自己的目的地定为了"诗人"，缥缈的、遥远的、海市蜃楼一样的地方。因为写诗的过程、成为诗人的念头，让她的生活精彩纷呈，活色生香。

诗歌，打破了她死水微澜的生活，拖着她往前走、向前爬，黑暗的日子突然有了一束光。这还不是因为她当初抱着不切实际的想法吗？

余秀华成名后，记者去她的村庄采访。问起当初写诗的事，和她同龄的妇女笑着说，知道啊，但我们都没在意。什么意思呢？这事儿太离谱了，小孩子闹着玩的，过两天也就消停了。靠谱是她们的人生信条，她们只过靠谱的生活。

所以，她们和余秀华过着两样的人生。一个没有悬念的、虽生犹死的，一个悬念迭起的、生机勃勃的。

3

上半年热映的《摔跤吧！爸爸》，是印度一部根据真人真事改编的电影。在初期排片不佳的情况下，上映至今，依然狂揽10亿票房，豆瓣评分高达9.2，可以说，口碑、票房双丰收，引发全民观影热潮。

为什么？因为从根本上讲，它讲述了一则由不可能变可能、打破传统的故事啊。按部就班过生活的人太多了，猝然间，大家被击中了，麻木的神经被刺痛了。"哦，原来人生还可以这么过。"

按照传统，印度的女孩子理应早早嫁人，相夫教子，与锅碗瓢盆为伍，这就是她们的一生，但马哈维亚培养自己的女儿做摔跤手。女子摔跤？他们一家都成了众人的笑柄。她们跑步的时候，街上的人议论纷纷；她们第一次参加比赛，工作人员甚至阻止进入。

结果怎么样？克服重重困难，她们赢了。大女儿获得了世界冠军，小女儿也屡获殊荣。

我以为，这部电影的意义并非在此。并非在最后一刻，吉塔将对手按在身下，国歌响起，父女泪流满面。而是抱着不切实际的想法，抱着夺冠的念头，她们活成了更好的自己，不认命，不服输。

梦想不切实际，才会竭尽全力。实现了，很好，奖杯在握，没有实现，又怎样呢？我们收获了全新的自己。

4

你有没有觉得,这辈子,我们大多数人,都活得太小心翼翼了?

我们只做自己认为靠谱的事,不靠谱的,想也不想,试也不试,就放弃了。出生、读书、工作、结婚,我们畏畏缩缩过了一辈子,谨小慎微过了一辈子,平平安安过了一辈子,没有犯过错,也没有什么成就,就这么着,草草打发了。

问问自己,你真的甘心吗?

很多时候,我们不仅自己鼠目寸光,裹足不前,往往还拉住身边那个勇于踏出一步的人,告诉他,这样做不行,你要实际一点。

可不可笑?

人活着啊,就该有点儿不切实际的想法,就该有点儿冒险精神。

你的目标是第一名,就可能考第三名,而当你将目标降为第三名,或许就只能考第五名了。

你计划一年内攒十万块,就可能攒八万,而当你将计划变更为八万,或许就只能攒六万了。

你打算五年内买房,就可能在第七年住进去,而当你打算七年内买房,或许就只能等十年后了。

正是这些不切实际的想法,实打实地在推动着我们前进啊。那些触手可及的梦想、一步之遥的目标,纵使实现了,又有什么意思?

一条鲤鱼,纵使成不了龙,总归要有一颗跳龙门的心。

在平淡如水的日子里，熠熠生辉地活着

1

去年九月，机缘巧合，参加过一次阅卷工作。

地点在安徽一个小县城，二三十名学生被关在一个院子里，每日，除了吃喝拉撒，就是审核试卷。没两天，新鲜劲儿就过了，取而代之的是，郁闷、无聊、烦躁。

就在这样一种状态下，某日清晨，去吃早餐的路上，看到院子一角的柿子树上，站着一个女生，她双手捧着四五枚大柿子，同时嘴里还叼着一枚小柿子，眼神里充满了无助。此情此景，我忍不住笑起来，一面走到树下，踮起脚尖，接下了她手中的柿子。

然后，我们就坐在树荫下，吃完了那几枚红彤彤的柿子。

几缕微风拂过，一只乌鸦在不远处的鱼塘边飞来飞去，那一刻，我似乎第一次闻到了生活的气息。

女生叫小磊，人如其名，充满了男孩子的朝气。"第一天进这个院子，就看到了柿子树，多方打听，知道这些树没有主人，果子随便吃，于是，趁早晨天气凉爽，就爬到了树上，一心想着摘柿子，却没想着怎么下来。"说着说着她笑了，"你知道吗？我有一种被柿子'挟持'的感觉。"

是的，我突然就被这个女生感染了。透过她灿烂的笑容、嘴角残留的果肉，我似乎看到了生活的另一面，发现了一种全新的活法。

不怕日子平淡，就怕你的心死水微澜。时刻保持一颗好奇心，你自会发现，生活处处充满了光辉。

2

初二那年夏天，厌学情绪很浓重，三不五时地，经常和几个小伙伴逃课去网吧打游戏，游戏结束，再去偏远的河塘里游泳。

有一次，刚刚从校门口出来，车胎就没气了。于是，推着车子去对面的修车铺找打气筒。修车铺的老丁在这里修车好多年了，见证了一届届学生踏进校园，一届届学生毕业离开。他依然风雨无阻地修着车，没生意的时候，就听听收音机，或者和笼子里的鹦鹉吵吵嘴，看上去，日子过得有滋有味。

一连打了好几次，都不成，原来是车胎爆了。真丧气。我们几个都不免骂骂咧咧——"日子真 TM 无聊""一天到晚都是作业、考试、作业、考试，没完没了""好想退学啊，可我爸会打死我的"。

老丁呵呵笑了。他一面补胎，一面对我们说："你们这些学生啊，之所以无聊，是因为没有学进去，一旦学进去，就有趣味了，有了趣味，过日子也就有劲儿了，就像我修车，每补上一个胎，拧紧一个螺丝，都觉得很有成就感，成就感一来，吃啥啥香，身体倍儿棒。"

听完老丁的"长篇大论"，我们比他笑得还厉害。"还'成就感'，老丁，你上过几年学啊？"其中一个小伙伴揶揄道。老丁没说话，默默修完了车子，望着我们远去。

时隔多年，中学时代早已在翻飞的岁月里泛黄，而唯有老丁的那些话，犹在耳边。是的，我渐渐明白，唯有沉入生活，才能品尝到它的美妙，你之所以怨声载道，是因为浮在生活的表面上。全心全意去做一件事，所有的平淡，都将变得不平凡。

3

在杂志社实习期间，曾经采访过一位知名的企业家。

那次采访的主题是，企业家退休后的生活。是的，他已经退休了，赋闲在家已半年有余。采访当天，他刚从菜市场回来，左手拎着一袋西红柿，右手攥着一把葱，眼角眉梢都是笑意。

采访一开始，他立马严肃起来，似乎不愿进入那段痛苦的回忆。他说，最初，自己特别不适应，甚至一度陷入抑郁。工作没有了，生活一下子失去了重心。从前在公司做惯了大事，回到家面对柴米油盐，总觉得无聊、无趣，提不起精神。整个人就像被抽走了魂儿一样，只靠躯体存活着。

"那这种心态是怎么转变的呢？"我适时打断他。

"你猜？"他眉毛一挑，卖了个关子。"你肯定想不到的，我现在都觉得不可思议。有一天，我去接孙子放学，路过一家菜市场，看到水果很新鲜，就进去转了转。转着转着，看到一位妇女在砍价，从两元砍到一元，又从一元砍到五角，那一刻，我似乎突然开窍了——唔，原来这就是生活，平淡又有趣。"

"从此以后，我的魂儿就回来了，我开始将注意力转移到这些小事上，精心为家人煮一碗面，炒一盘菜，周末去花市买一盆花，夏日午后在树荫下和邻居们下一盘棋。我第一次发现，生活的意义，不仅仅在那些轰轰烈烈的大事上，也在这些平凡细微的小事上。"

"在菜场砍价，你能砍掉多少？"我和他打趣。

哈哈哈，他几乎笑出了泪花。

4

这是一个浮躁的年代，许多人只是在活着，而不懂怎么去生活。

经常收到这样的读者来信：读你的文章，发现生活很有趣，为什么我的生活却那么平淡，每天都像白开水？

我想说，那是因为你没有"进入"生活，只是在生活的边缘徘徊。

生活是什么呢？生活是全心全意去做一件事，体味它的困苦与甘甜。

生活是，春日去看一场花，夏日去淋一阵雨，秋日踩一踩落叶，冬日赏一赏雪。

生活是，慢慢喝完一碗粥，感受米粒在唇齿间散发的香味儿；生活是，把洗干净的衣服晾在阳台上，看阳光透过窗子一点点漫进来；生活是，每一次离别，都用力抱紧，每一次相遇，都感激涕零。

海子有诗云：活在这珍贵的人间，人类和植物一样幸福，爱情和雨水一样幸福。

愿我们都能在平淡如水的日子里，熠熠生辉地活着。

这辈子，总要拼尽全力做好一件事

1

小区里有一家馒头店，每次去买馒头，都"人满为患"，长长的队伍，从店门口甚至排到了大门口。小小一间门店，小到关起门来，走过的人都不易察觉，却聚拢了如此高的人气，实在令人叹服。

一天下午，照常去买馒头，左等右等，好容易轮到我了，却被告知没有了。店家无奈地笑着说："真抱歉，明天早来一会儿吧。"因为是熟人了，我也笑着和他打趣："今天的晚饭，就只好在你家吃咯。"

一面说，我一面走进店里。一家四口正站在风扇旁歇息，汗水顺着脸颊往下淌，每个人都笑意盈盈的，红光满面。

不知为何,我心里沉了一下,问道:"你们做这一行几年了?"

老板娘拉过一张凳子,示意我坐下。"十年了,这是第十一个年头。"

"这一行很累吧?据我所知,起早贪黑的,再说,北京房租又贵。"

"做什么不累啊,天下哪有容易的事?"顿了顿,老板点起一支烟,笑着说,"一辈子,总要全心全意做好一件事吧。"

那一刻,我心里的某根弦,倏忽被拨动了。

是啊,如果我们总是趋利避害,心心念念地寻找一份满意的工作、理想的事业,这个不行就换另一个,恐怕一辈子也做不好一件事了。

长长的一生,总要勤勤恳恳,苦心钻研,把一件事做到极致。不然,岂非白活了?

2

升哥是我发小,初中毕业去南方学了一段时间的美发,回来就在老家开了一间理发铺。铺子建在三个村庄的接壤处,四邻八舍,乡里乡亲的,升哥不图赚什么钱,能糊口就已经很开心了。

一晃许多年过去了。和升哥同龄的人，要么大学毕业，去了"北上广"闯天下，要么开工厂，做生意，发家致富了，唯有升哥和他的理发铺依然孤独地伫立在村庄的一头。十年如一日，初心不改。

每逢假期，我们回到家里，都会去升哥的铺子理发：一来照顾他的生意，二来叙叙旧。几乎每一次，都会有人怂恿升哥，"升子啊，别干了，这能赚几个钱？我那儿刚好缺个经理，你来吧。"这时候，升哥的爸妈往往也跟着附和："是啊，理发有什么前景啊，你看你做了这些年……"升哥总是微微一笑，不置可否。

去年除夕夜，我们几个又聚在了一起。餐桌上，向来滴酒不沾的升哥，头一次喝醉了。他摇摇晃晃地举着杯子敬每一个人，走到我这里的时候，几乎就要倒下了。他喃喃地附在我耳边说："谷子，我就想好好干理发，干一辈子，这事儿错了么？"

我紧紧地扶着他，难过地说不出一句话。

后来，我无数次想起那个夜晚，心里都会默念一句，像是对升哥说，也像是对自己说：你没错，所有一心一意做一件事的人，都值得尊敬。

3

双雪涛，不读纯文学的人，大概不知道这个名字。作为"80

后"代表作家之一，近年来，他陆续出版了《翅鬼》《天吾手记》《平原上的摩西》等五部作品，其中，《翅鬼》荣获首届华文世界电影小说奖首奖，《平原上的摩西》即将改编为电影，同时，双雪涛还获得2016年华语文学传媒大奖"年度新人奖"。

他的荣誉摆在这里，毋庸置疑。但相比起这些荣誉，我更钦佩的，是他为了文学而孤注一掷的心。

吉林大学毕业，随后进入银行工作，这是多少人梦寐以求的一条路？在这个"公务员""事业编"人人趋之若鹜的年代，双雪涛在银行就职多年后，"头脑一热"，毅然决然辞掉工作，开始专心搞起了写作。

当时，几乎所有人都觉得他疯了。"你别着急回家写小说，先去医院看看脑子是不是有病，是不是精神出了问题。"同事如是说。

那是2012年7月，转眼五年过去了。现在，他依然全心全意地写着小说，笔耕不辍，同时，还参加了中国人民大学的写作班，在文学的沃土上不断汲取着养料。

写作这条路荆棘丛生，道阻且长，谁也不敢说，十年后，二十年后，一个人究竟会怎样，泯然众矣，抑或光芒万丈。但这些都不重要，重要的是，他为了写作，倾其所有，全力以赴了。

4

最近,在网络上看到这样一则新闻。

日本有位"煮饭仙人",50年煮了800万碗米饭,一辈子只做这一件事,如今86岁了还在坚持,他的米饭全日本都抢着吃。

是不是令人肃然起敬?

我们常说,三百六十行,行行出状元。生活中,有些人一辈子只做一行,成了状元,而有些人一辈子做了三百六十行,依然是一个普通人。今天想考公务员,明天想开饭店,后天又想当老师。一受挫就改行,一失败就转向。

从未立定心意去做一件事,又怎能成事?

经常有人说,不要一条道走到黑,要见机行事。而事实上,这个世界上,见机行事的人太多了,多少人瞅着所谓的机遇、风口、红利期过日子,而缺乏和生活死磕的勇气,不能全心全意致力于一件事。纵使机遇来临了,也没有与之匹配的实力。

决定了要做厨师,就加倍努力,去做一名好厨师,让食客交口称赞。

决定了要做老师,就加倍努力,去做一名好老师,让学生口耳相传。

决定了要创业,就加倍努力,去做一名好老板,带领员工一起致富。

决定了要当画家,就加倍努力,去做一名好画家,让画展开到每一个国度。

这辈子,总要拼尽全力做好一件事。

人生在世,最贵不过"喜欢"二字

1

周末去堂哥家小坐,刚聊了两句,小侄子从卧室里走了出来,一脸的委屈。我摸摸他的头,还没问"怎么了",他就哭了起来,越哭越大声。我索性把他拉过来,搂在了怀里。

我问堂哥:"到底怎么回事?"

他说:"唉,别提了,飞飞要报美术班,我和你嫂子没同意,就为这事儿,他和我们闹了一周了。"

我一边轻抚飞飞,一边回应着:"那就去报呗,多大点儿事,惹孩子不开心。"

堂哥笑了:"学美术有什么用?还能指望他当个画家?再说了,我看他也没天分。"

"什么天分,什么画家的,那都不重要,重要的是,孩子喜欢。"我看了看怀里的飞飞,他渐渐停止哭泣了,柔声问道,"飞飞是不是喜欢画画呀?"

孩子重重地点了个头。

堂哥撇了撇嘴:"八九岁的孩子,知道什么喜欢不喜欢?这事儿以后再说,我今天找你过来,是为了……"

成人社会,往往就是这样,做任何事,先考虑它的功用,考虑可行性,兴趣反倒被放在了次要的位置。我们为了生活摸爬滚打,日夜奔忙,似乎从来没问过自己喜不喜欢。

这难道不令人悲哀吗?

2

高考那年,我瞒着所有人,选择了自己喜欢的汉语言文学专业。

收到通知书那天,针对"冥顽不化"的我,全家聚在一起开了场"批斗大会"。

我爸一句话也没说,默默坐在角落里抽烟。

我妈叹了口气,说:"你长大了,翅膀硬了。"

我姐最冷静,建议道:"听说,到了大学是可以改专业的,到时候调剂看看?"

我表哥——整个家族唯一一个大学毕业工作了的人,作为代表被邀请了过来,说:"汉语言文学不好找工作,即便找到工作,也不会是好工作,无非拿着微薄的薪水,做些'边角料'的事情。"

多年后,我毕业了,工作了。果然如他们所料,没有找到一份理想的工作,甚至和汉语言文学八竿子打不着,每天坐末班车回家,在北京郊区住着最廉价的民房。午夜梦回,我依然记得多年前的那个晚上,表哥无意间向我投来的一抹冷笑。

我后悔吗?不,一点儿也不。

汉语言文学没有给我一碗饭吃,但它点亮了我黑暗的日子,让我在几近窒息的生活中喘了一口气。多年来,我业余坚持阅读和写作,虽未成名成家,却拥有了另一个世界。它治愈我,给养我,让我在面对外面的风霜雨雪时,有了一个停靠的港湾。

世人常常说,生活不止眼前的苟且,还有诗和远方。而"喜欢",就是我们的诗和远方,做自己喜欢的事,你就拥有了诗和远方。

3

网上看过一则新闻,美国有位老太太,在一家餐厅做服务生,做了40余年,从20多岁,直到60多岁。她说:"我要一直做下去，直到端不动盘子为止。"

如果你认为她饥寒交迫，不得已而为之，从而怜悯她的话，就大错特错了。她生活优渥，有房有车，完全犯不着为了糊口去做服务生。她，只是因为喜欢。唯一的原因，就是喜欢。

她喜欢和客人打交道，观察他们的言行；喜欢在用餐的过程中，站在客人身旁，听从他们的"派遣"；喜欢客人对餐厅挑肥拣瘦；喜欢在客人用餐结束后，望着他们离去的背影。她说，每一天，似乎都在参与别人的人生，那种感觉特别奇妙；每一天，但凡有新的面孔加入，自己的生命，似乎就被注入了新的血液，燃烧了，沸腾了。

听上去很不可思议，但我懂她的感受。生活本是枯燥的，沉闷的，像做服务生一样，日复一日，按部就班，但因为找到了自己喜欢的"点"，打开了一个豁口，从而精彩、飞扬的一面才向我们展开来。

如果生活是一杯白开水，"喜欢"是一颗糖，你是放还是不放呢？

4

这是一个浮躁的时代，年轻人动辄把"无聊"挂在嘴边，为什么？

因为他们没有找到自己喜欢做的事，生活里只有柴米油盐，而没有诗与远方。

做自己喜欢的事，不一定成功，但一定很快乐。而就整个人生来讲，快乐比成功重要多了。

有朋友说，喜欢放风筝的人，都是热爱生活的。不晓得为什么，我被这句突如其来的话打动了。是啊，这辈子，衣食所迫，我们都是奔跑在风里的人，但奔跑的同时，别忘了在自己的天空里，放飞一只风筝。

它是我们疲惫生活里的英雄梦想。

我们经常讨论生活的意义。什么样的生活，才是有意义的？无他，做自己喜欢的事，成为自己喜欢的人。

总有人问，你做这个不能成功，做那个也没有前景，为什么要做？很简单，我喜欢，我享受做它的过程。喜欢一件事，才有动力，而有了动力，才会有后来的一切。

总有人问，喜欢有什么用，喜欢值几个钱？是的，喜欢不值钱，喜欢是无价之宝。

人生在世，最贵不过"喜欢"二字。

Part2

比实现梦想更有意义的，是追寻梦想的过程

追求梦想的过程漫长而艰辛，
经历与结果固然重要，
但更重要的是在这过程中，
学会享受。

比实现梦想更有意义的，是追寻梦想的过程

1

这几天，家里的热水器坏了，正赶上天热的时候，一天恨不能洗三次澡。怎么办？只好趁着周末，找了位维修师傅。

师傅上门那会儿，正是一天当中最热的时候，下午两点多。我呢，家住六楼，还没有电梯。于是，打开房门，看到师傅气喘吁吁、汗流浃背的样子，歉疚感即刻就上来了，赶紧从冰箱里拿了罐可乐，先让师傅坐下来休息。师傅摆摆手，提着工具就进了洗手间。

将近半小时过去了，终于修好了。师傅满头大汗地从洗手间出来，有些羞赧地说："热水器太旧了，许多地方都要处理。"我笑着回应："已经很快了，换了我，这辈子也修不好啊。"

一边说一边示意他坐下,打开空调,端上饮料,同时递过去一盒烟。

"太客气了,这是我应该做的。"师傅笑了,接着道,"你知道吗?比起修好热水器,我更享受修理热水器的过程。每当我用改锥将热水器的盖子卸下来,看到线路的时候,最兴奋了,就像一场游戏,唔,挑战来临了,过五关斩六将,斗志昂扬,反倒是,修好的那一刻没意思了。"

"您可真幽默。"我禁不住笑了起来。

玩笑归玩笑,仔细想想,师傅的话不无道理。人这一辈子,活的不就是个过程嘛。梦想之所以珍贵,就是因为我们为之流过汗,洒过血,一步一个脚印地付出过啊。

不用比赛,就凭空给你发一个奖杯,你真的会开心吗?

2

读研究生期间,托导师的福,有幸拜会过一位知名作家。

刚刚坐下,我就禁不住追问:"您去年获得茅盾文学奖的时候,是什么心情?证书拿在手里,是什么感觉?第一次发表文章,第一次出书,有没有激动到想哭?您认为自己之所以取得今天的成绩,主要原因是什么?有什么写作心得可以分享吗?"

他笑了,笑得很大声。"我看啊,你有做记者的天分。"顿了顿,他的表情又突然严肃起来,扶了扶眼镜,叹口气说,"现在的年轻人啊,就是这样,两个字,浮躁。喜欢写作,就全心全意去写作,发表、出版乃至获奖,都不是你应该考虑的事情。比起这些,如何遣词造句、结构成篇,才更重要;比起这些,我更享受组织语言的过程。"

接下来,他向我讲述了第一次写作长篇小说的情形。那是一个冬天,没有暖气的湿冷南方,每晚临睡前都会写上两三个小时。有一次,手冻僵了,几乎握不住笔,于是就把"战场"转移到了被窝里,一手握着手电筒,一手奋笔疾书……第九章有一个片段,前后修改了八次……在主人公应该"敲门"还是"推门"上,琢磨了整整一个星期。

说着说着,他陶醉了,望着窗外渐渐笼罩的暮色,会心地笑了。

那一刻,看着他的眼睛,我突然读懂了梦想的意义。所谓梦想的意义,也就是追梦本身。追梦的过程,让我们活成了一个热血沸腾、朝气蓬勃的人,这远比任何荣誉重要得多。

3

老家有位邻居,60岁的时候,喜欢上了马拉松。每天五点半起床开始晨练,做广播体操、跑步、练单双杠,七点半吃早餐,吃完早餐送孙子上学,回来接着再去体育馆,和朋友们打羽毛球、乒乓球,下午继续跑步,有意识有规律地训练自己。

这样的生活,坚持了一年。第二年年初,他报名参加了市里的半程马拉松比赛。为了这场比赛,他特意加入了"乐跑团",从跑步的注意事项,到素日的饮食营养,与马拉松爱好者们交流经验。

比赛的日期终于到了,那天,他却起迟了,而且打开窗户,外面正下着雨,还伴着阵阵冷风。怎么办?他想也没想,披上衣服就出去打了个车,直奔比赛场地。

半路上,令人抓狂的事情又发生了,堵车。茫茫雨雾中,半条街被堵得水泄不通。他付给司机师傅钱,干脆下车,在风雨中奔跑了起来。起初,他还心心念念,转过哪条街、拐过哪条巷,穿过哪个十字路口,才能到达目的地,后来,跑着跑着就忘掉了,忘掉了要去哪里,就是跑、跑、跑。直到雨过天晴,比赛结束了,他也微笑着折返而归。

贻误了比赛,却开开心心地回来了。一时间,大家都目瞪口呆。他笑了,为了赶上马拉松,我跑了一个马拉松,这难道还不够吗?

4

这是一个"忧郁"的年代,年轻人普遍感到不快乐,为什么?因为我们把结果看得太重了,而把过程看得太轻了。

我们只想抓在手里,却感受不到伸出手,微风拂过的清凉;我们只想攀到山巅,却感受不到运步如飞的矫健;我们只想到达目的地,却感受不到行路的浪漫。

念书的时候,我们只想考高分,却不喜欢解题。

工作了以后,我们只想升职加薪,却不喜欢老板分配下来的任务。

殊不知,比实现梦想更有意义的,是追寻梦想的过程。因为啊,追梦的路上,我们才活成了一个热血沸腾的人,而不是混吃等死的动物。追梦的路上,我们才会一天天、一步步,成为更好的自己,即便最后,梦想依然遥不可及。

梦想的意义,从来不是实现,而是追寻。而我们最理想的状态,也从来不是抵达,而是在路上。

想得越多越迷茫，做得越多越明朗

1

我从小喜欢唱歌。

印象中，读小学那几年，每逢夏天，我都会恬不知耻地站在风扇前，哼上几句当年流行的童谣。歌声和着风扇旋转的声音，有一种喑哑的美感。不需要他人的赞赏，自己就先陶醉了。

读中学以后，家里买了电视机。周末休息，打开音乐频道，一面听偶像在舞台上唱歌，一面飞快地在软皮本上记着歌词。那会儿没有零用钱买唱片，就自己对着手写的歌词，凭着记忆中的旋律哼唱。有一阵，还偷偷摸摸写过词，谱过曲，在一张空白磁带里录过几首歌，珍而重之地放在床头的"藏宝箱"里。

后来读了大学，买了吉他，幻想着有朝一日自弹自唱，在校园大大小小的晚会上，收获鲜花和掌声，乃至被"星探"发现，从此走上音乐路。

而今工作一年多，想唱歌了，至多在手机软件里录上两首，自娱自乐。与友人聚餐，微醺之余，也会打趣说，想当年，老子也有过歌手梦啊。

为什么放弃了呢？因为越想越迷茫。一个人要成为歌手，要走多远的路啊，考音乐学院，参加选秀比赛……每一步听来都如此艰难，千头万绪的问题，亟待解决。还是老老实实做个路人吧，比较稳妥。

2

老同学大熊，一直以来都想开一间咖啡馆，收留晚归的路人，以及患有情伤的小年轻。不求赚钱，只为开心。

在这个浮躁的年代，能有这份心，已属不易。大家纷纷表示支持。

决心下定了，第一个需要解决的问题就是，选址。

青年路两边，种满了高大的梧桐，景色宜人，尤其春天，桐花盛放，空气里都是清冽的香味，最有艺术氛围，可街是老街，门可罗雀，不为赚钱，总不能赔钱进去吧。建设路倒是车水马龙，大型商场、超市、银行都在这边，可环境太过嘈杂，与咖啡馆气质不符。人民路是政府单位驻地，有人源保障，周遭也相对静谧，只是，总觉得端庄、肃穆了些，空气里一股郑重的味道。

大熊一想就是半年。这个问题还没想清楚，下个问题又涌入脑际。女朋友马上就要毕业了，去杂志社工作，是她一直以来的心愿，留她在咖啡馆一起开店，说不过去，不留吧，又要雇人，一个月要开多少钱呢……

就这样，一年将尽，大熊的咖啡馆也没开成。头几天群里组织同学会，联系大熊，发现他已经重新找了工作。

生活中，很多人都是这样，难倒自己的，往往不是事情本身，而是多余的想象。想得越多，越不知道怎么做，而一旦做起来，许多事情，或许都迎刃而解了。

3

听过一位企业家的宣讲会，感触颇深。

十五年前，他大学毕业，发现学校食堂蕴藏着良好的商机，当下就决定要包一个窗口，卖拉面，和其他几位舍友一拍即合，专程赶去兰州学习。两个月后，学成归来，却发现食堂新添了拉面窗口，生意火爆异常。他们尴尬地做了一个月，入不敷出。几个伙伴终于熬不住，相继外出寻找工作了。

做了一段时间的兼职，整日风里来雨里去，他发现还不如路边卖煎饼的有"钱途"。于是一天也不想耽误,就筹钱买了个煎饼摊,像模像样地和别人学起了做煎饼。他头脑灵活,不出半个月,就熟悉了这门手艺。"新摊开业"前两周,每张煎饼半价。他将煎饼摊支在一所中学附近,前来购买的学生络绎不绝。

但好景不长,以影响交通为名,城管开始对大小摊位进行管制、驱逐,怎么办?用他的话说,只好"像只老鼠一样灰溜溜地逃走了"。

后来,一次偶然的机会,他决定开奶吧。当时,国内的鲜奶吧并不多,而人们对鲜奶的需求越来越旺盛。为了在市中心开一间奶吧,他四处筹钱,好话说尽,甚至一度惹怒了父母,以为他在外地做传销。就这样,奶吧开了一间又一间,终于做成了全国连锁。

会上,有人和他打趣:"没想到,您是一位'吃货'啊,创业项目全是关于吃的。"

他笑了笑答:"创业就要有'吃货'精神,见了美食就吃,有了念头就实施,一刻也等不得。"

4

这是一个迷茫的年代。经常收到年轻读者的私信:我不知道自己喜欢什么，擅长什么，毕业找什么工作。

对于这样的提问，我的回答往往是，放下疑问，先找一个工作再说。喜欢与否，擅长与否，工作的过程中，自然也就明白了。

是的，想得越多越迷茫，做得越多越明朗。

梨子甜不甜，咬一口就明白了；衣服好不好看，穿上去就了然了；路好不好走，走下去就知道了。不做，永远不知道怎么做；做了，才知道应该怎么做，怎么做才能更好。

与其站在十字路口徘徊，不如径直选择一条路往下走，走错了，大不了从头再来。

有什么好怕呢？

对得起时间，对得起自己

你现在找的每个借口，都会阻碍前行的路

1

小时候喜欢美术，放了学就一个人坐在房间里涂涂画画。当然了，无外乎一些小动物，荷叶下游弋的金鱼呀，一群黄绒绒的小鸭子呀，以及大红冠子的公鸡。自得其乐的同时，瞅准机会，就在家人面前露一手，满足下膨胀的虚荣心。

后来，听说隔壁小伙伴报了县城的美术班，就也吵着闹着让父母去报。那时候，家里穷啊，一家人的担子都压在父亲身上，维持生计已属不易，哪里有闲钱去报辅导班？心愿落空，我大哭一场，发誓今后再也不作画。

不是我不想啊，是你们没有钱供养。这个念头，我揣了好多年。

大四那年，和许多人一样，我挤在人才市场里递简历。学校招聘老师，不喜欢，公司招聘营销人员，不喜欢，好容易找到一个喜欢的，用人单位说需要美术功底，你以前学过绘画吗？我只好讪笑着离开。

回去的路上，我想了很多。

其实，当年的我，之所以放弃绘画，能怨得了父母吗？这世上多少自学成才的画家，还需要一一举例吗？说到底，不过是为自己的懒惰找了一个借口罢了。

而当年找的借口，终于成了如今的绊脚石，阻碍了前行的路。

悔之晚矣！

2

忙里偷闲，周末和三五好友聚餐。

席间，不知谁提起了公司组织年会的事，问大家有没有节目奉上。大勋摆了摆手，话匣子一打开，就关不上了。

大勋说，大二的时候，疯了一样地迷恋吉他，整日幻想自己抱着吉他在宿舍里唱歌，在操场上唱歌，甚至在喜欢的女孩面前唱歌。一日，路过某家琴行，刚巧打折，狠狠心就买了一把。

吉他买来后，大勋就开始忙英语四级考试。是啊，考试当然比学琴重要。考试结束后，有舍友在市区找了一份蛮不错的兼职，一个月去不了几次，就有两三千块可赚，大勋动心了，便跟着舍友一起做兼职。想想也对，赚钱怎么说都比学琴重要。

就这样，大学毕业，大勋的吉他也没学成，连最基本的技法都没掌握。

去年，大勋参加了工作。在喜庆的年会上，看着同事抱着吉他自弹自唱，雷鸣般的掌声里，他只有艳羡的份儿。

考试、兼职，真的是影响弹琴的元凶吗？鲁迅先生说过，时间就像海绵里的水，只要挤，总会有的。没有时间？不过是为自己不想学找到的借口而已，权作一场自我安慰。

而这场安慰，最终让大勋失去了一次融入集体的良机，这对于新人来讲，尤为重要。

3

小区里有位老爷爷，和别人下棋的时候，最喜欢"忆当年"。

他最常提起的，是这么一件事。

老爷爷小的时候，父母是开理发铺的，父亲负责剪，母亲负责洗，同时，手下还带了一帮徒弟。不上课的日子里，父亲每每劝他跟着学一学，技多不压身。他总是不耐烦地回应一声："你是我爸，我什么时候学不行呢。"后来，因为各种原因，他辍学了，父亲又来劝他学一学，万一哪天用上了呢。他不假思索丢过去一句:"等你的徒弟都学会了,我再学也不迟。"

一晃许多年过去了。父母老去,死去,他自己也做了爷爷,理发的手艺就这么丢掉了,失传了。

每次讲到这里,老爷爷总要顿一顿,不无沮丧地叹口气。

现在,即便小孙子理个光头,他也胜任不了了,推子一拿在手上就抖,只好去附近的铺子等着理发。对了,他说的这个铺子,店主就是他父亲的徒弟。

店主每次都热情满满,看到他就喊大哥,端茶倒水的。可他呢,千言万语化为一个字:窘。

老爷爷说,每次看到他,就好像被扒光了衣服,全身的伤疤都无处遮掩。当年的回忆瞬间浮现在眼前,下一秒似乎就有人学着自己的样子说:"你是我爸,我什么时候学不行呢。"

实在是莫大的讽刺。

4

张爱玲说过一句话:"要做的事情总找得出时间和机会,不要做的事情总找得出借口。"

深以为然。

我们小时候,都学过凿壁偷光的故事。西汉匡衡,幼时家贫,连蜡烛都点不起,为了读书,在墙壁上凿洞,引来邻居的光亮,终成一代文学家。

那些本该做的事,你还有什么借口继续拖延呢?

一个很简单的道理是,迎难而上,路越走越宽,知难而退,路势必越走越窄。你现在找的每一个借口,都会阻碍前行的路。

何必等到穷途末路了,才悔不当初。

为什么要努力？这是我听过最现实的答案

1

升学压力越来越大。

不知你有没有发现,近来,地铁上写作业的学生越来越多了。这样的新闻在网络上层出不穷,天津学生趴列车门上写作业,西安学生趴座椅上写作业,重庆学生蹲车门边写作业,而且大多都是中学生,甚至小学生。

说明了什么？作业多。作业多说明了什么？教学任务重,升学压力大。老师们不得不运用题海战术,来提高学生的成绩,当他们摩肩接踵挤在中考和高考的大门前时,好推他们一把。

是的,很现实,很残酷。

举个简单的例子。以前我读的高中,上午上四节课,现在都上五节了，以前晚自习两节课，现在都改三节了。这还不算，有些学生回到宿舍，回到家里，依然还要坐在台灯下看会儿书，解道题。十一二点睡觉，五六点钟起床。

想想都觉得累。可又有什么办法？一个人活在这世上，总要受点儿教育吧，既然受了教育，谁都想出成绩，想出成绩就要刻苦用功。人口那么多，每个学生都拼了命地学习，你稍一松懈，就会被人赶超。

现实就是，农村的孩子向城市的孩子看齐，城市的孩子向大城市的孩子看齐，大城市的孩子向国外看齐。当农村小学刚刚意识到学英语的重要性时，城市孩子已经做好了出国的准备。

也许你会问，难道读书是唯一的出路吗？不是，但别的路无疑更难走。出了学校，社会是一所更大的学校，大家不以分数取胜，但以能力取胜。扪心自问，你有什么能力？

2

找工作越来越难。

如今，找工作越来越难了，找一份体面一点儿的工作难上加难。

以前，一名硕士生就可以去高校任教，现在呢，一位名牌大学的博士生去高校任教，还要掂量一下自己的科研成果。前阵子和导师聊天，他就说了，一位清华大学的博士去我们学校应聘，都被刷下来了。为什么？因为他发表的论文太少。没办法，这就是高校选拔人才的一个指标。需要说明的是，我们学校还是一所二流大学。

去年我找的第一份工作，是去一家出版社。面试的时候，还没轮上我，我就腿软了，想放弃了。因为等待面试的人群中，有985高校的硕士，有英国留学回来的博士，还有其他出版社跳槽过来的资深编辑。

为了找份工作，现在大家都被逼成什么样了，你知道吗？我有一朋友，985高校的本硕连读，硕士毕业又考了博士，现在在美国加利福尼亚大学读博士后，就为了回国后，能够体体面面地就业。

总有人抱着侥幸的心理，"我都考上大学了，好歹会找到工作吧"，那可不一定。每一年，失业的人不要太多。一位亲戚家的孩子，大学毕业找不到工作，又回老家种地了，农闲时分，在附近工厂里打打工。和从未读过书的人，又站到了同一条起跑线上。不，比他们还不如，人家好歹积累了经验。

民以食为天，你总要活着吧？而你不努力，就没有饭吃。

3

你不优秀，真的可能单身一辈子。

没有人会喜欢一个碌碌无为的人，你不优秀，真的可能单身一辈子，孤独终老。

你天天窝在宿舍里，吃着薯片看韩剧，不运动，不健身，把自己喂成走不动的小猪，就别指望有一天男神踩着七彩祥云来接你；你天天趴在床上打游戏，有课就翘，逢考必挂，就别意淫隔壁班女生对你动心。你想脱单，就给别人一个喜欢你的理由。

现在的婚恋市场有多残酷，看看国内一些相亲节目就知道了。那些台上站着的女嘉宾，不是高学历，就是自主创业的老板，颜值也是个顶个的高。你没有两把刷子，没有拿得出手的本事，就等着被灭灯吧。

也许有人会说，那些都是假的，是找人演的。告诉你吧，就算是找人演的，是导演安排的戏，但折射的现象绝对是真的。现在谁谈个对象不看脸，谁结个婚不要彩礼，谁不会因为你是名校毕业生、公司高管而另眼相待？这些都是非常现实的问题。

我知道现在有一种观点是这样的，你优秀了，男神／女神也不是你的。我承认，其中有合理的成分。从根本上讲，感情不讲究努力奋斗，一个人不喜欢你就是不喜欢你，你有钱了，她可能嫁给了一个穷小子；你变瘦了，他或许娶了一个小胖子。

但是，多数情况下，青年才俊和混日子的屌丝，前者脱单的可能性无疑更大。

有些人一定会说："单身怎么了，我单身我骄傲，我单身一样比两个人过得好。"别骗自己了，你知道的，那些话不过是自我安慰的说辞罢了。

这世上哪有人喜欢孤独。

4

贫贱夫妻百事哀。

俗语有云，贫贱夫妻百事哀，这话一点儿没错。一对夫妻，如果没钱，就等着今天摔碗，明天砸锅吧。

对于男生来说，结婚以后，时不时地，你要不要带女生下下馆子，吃点儿好吃的？逢年过节，你要不要送她礼物？她生日那天，你要不要给她惊喜？当然要啊。谈恋爱的时候要做的事，婚后一样不能少，不然，婚姻肯定出问题呀。而所有的问题，主要还得靠钱解决。

对于女生来说，结婚以后，你愿意被养在家里吗？你怕不怕男生天天在外应酬，突然哪天就变心？你怕不怕有一天婚姻破碎，连填饱肚子都成问题？任何一个心智正常的女生都怕吧。

所以，婚后更要有危机感，培养自己赚钱的能力，做好抽身而退的准备。

恋爱是两个人，结婚却是两个家庭。婚后，你要和他的父母打交道，他要和你的父母打交道，平日里串门，总要表表孝心吧，孝心从哪里来？钱。钱看起来冷冰冰的，却最暖心啊。

结婚以后，男生、女生不可避免地都会融入彼此的朋友圈，这个朋友结婚了，那个朋友生孩子了，你要不要凑份子？

《小时代》里说，没有物质的爱情就像一盘沙，没有物质的婚姻更是如此。单身的时候，你偶尔吃吃土，或许没什么，婚后还是省省吧。

5

越来越多的孩子生在了终点线上。

以前，大家都说，不要让孩子输在起跑线上，现在不一样了，越来越多的孩子生在了终点线上。

当你因自家孩子刚上三年级就会读英语单词而沾沾自喜的时候，别人的孩子已经在贵族学校和外教全英文交流，考个四六级完全不在话下。

当你家孩子得了奥数三等奖而组织家庭晚宴的时候，你不知道的是，别人的孩子已经拿到了奥数一等奖，被保送北大。

当你家孩子把清华北大当成人生理想的时候,别人的孩子已经把目光投向了国外。

一句话,当你想把孩子培养成富一代的时候,别人的孩子生下来就衔着金汤匙。

从总体上讲,生在富裕家庭的孩子,比生在贫困家庭的孩子,成才的概率更大。因为有钱就意味着有资源,有资源才能更好地激发个人的才智。近年来,"寒门难出贵子"渐渐引起热议,清华北大农村学生的比例一再缩减,这是不争的事实。

是的,孩子光靠努力已经不行了,手中的资源只有那么多,眼界只会局限在自己的学校甚至班级。怎么办?当然要靠你啦。你只有拼了命地努力,为他尽可能地铺路,铺路,再铺路,才不会输得太惨。

6

父母越来越老,随时需要照顾。

你一定发现了吧,父母越来越老了。

上一秒似乎他们还在送你去读书,这一秒你就该把他们接到身边来住了。

上一秒似乎他们还抱着你去附近的诊所看病,安慰你打完针就给买只棒棒糖,这一秒你就带着他们在医院大大的走廊里求医问药，摸着他们的手安抚，下一位，下一位就到咱们了。

上一秒似乎他们还把你举过脖颈举到头顶，向世人展示着自己初为父母的喜悦，这一秒他们就开始守在电话机旁，等着你偶尔打来的一次电话。

是的，你大了，父母老了，时间，真的不等人。

有句话说得好，作为儿女，挣钱的速度一定要赶上父母衰老的速度。我们无法阻止时间的流逝，但可以尽最大努力多挣些钱，为父母提供一个安逸的晚年。当他们需要照顾的时候，忙于工作无法抽身，你还可以请护工，甚至你抽出两年时间陪在他们身边也不怕，"反正啊，老子有的是钱"。

生老病死，每个人都要面对；衣食父母，每个人都要照顾。你多挣一分钱，自己就多一分底气；你多挣一分钱，就能为父母提供多一分的安全感。

7

总有人问，为什么要努力？

很简单，因为你——没得选！

努力从来都是一件迫在眉睫的事，由不得我们选择。随着我们一天天长大，生活中方方面面的压力都会接踵而来，你不得不披荆斩棘杀出一条血路。

努力不一定成功，但一定能成为更好的自己

1

昨晚收到一姑娘留言，她说："最近学校组织了一场演讲比赛，为此，我准备了足足三个月，原想着能进入前三名，可临了只得了第七名，辛辛苦苦努力一场，到头来也是白费。"言语间，是掩饰不住的落寞。

我问她："什么叫白费呢？"

她说："没有实现自己的目标，不是白费，是什么？准备三个月，获得第七名，一点也不值，早知如此，三个月做些什么不好呢？减减肥，补补课，甚至逛街、吃饭、追剧，舒舒服服地混日子，也比准备比赛强。三个月啊，整整三个月，全打了水漂。"

我说:"准备三个月,获得第七名,本身就是一种成功,如果你不准备三个月,第七名也不是你的。所谓成功,并非一定要实现自己的目标,只要一步步靠近那个目标,每天都有进步,就够了。"

她说:"道理我都懂,可心里还是有落差,还是不服气,凭什么我准备了那么久,就进不了前三名?"

我说:"不服气是好事,憋着这口气,继续努力啊!"

姑娘没再说什么,道了晚安,就下线了。

是的,做任何一件事,每个人都想实现自己的目标,以为实现了目标才是成功。殊不知,追寻目标的路上,一天天成为更好的自己,就是一种成功。

2

15岁,一个充满了幻想的年纪,那一年,我立志写作,目标是18岁出版自己的第一本书,20岁成为畅销书作家,书店里摆满自己的书,在全国各地签售。

现在想想,当时实在太天真了。

为实现这个目标,我阅读了大量的文学作品。高中课业紧张,白天没有时间,晚自习结束后,便一个人点起蜡烛,靠在床头读,或者拿着手电筒,趴在被窝里读。是的,晚自习结束没多久,宿舍就熄灯了，伴着同学们轻微的鼾声，我和书中的人物打着交道，在文字的海洋里遨游，不知不觉就入了迷。经常是凌晨两三点有人上厕所，我才意识到时间已经太晚，不情愿地合上了书。

与此同时，我利用一切可用的时间写作。小说、散文、诗歌，各类体裁都有尝试，疯狂地给各大杂志投稿，本地的、外地的、知名的、不知名的，甚至校报夹缝中的征文启事，都没有放过。

就这样，3年过去了，18岁，我既没有出版自己的书，发表的文章也寥寥无几，甚至学业也被耽误了，成绩一落千丈。迄今依然记得，一天下午，父亲来学校看我，我告诉他不想读书了，我要辍学写作。

没错，回首那段时光，在许多人眼里，我就是一个失败者。可是，单就写作而言，相比于15岁之前的自己，我成功了。我读过的每一本书，都潜移默化地影响了自己，我写过的每一行字，都锻炼了自己的表达能力。

在我们的一生中，每一段努力过的时光，都不会枉费。

3

前些天，抽空回了一趟老家。

没想到，在村头小卖部门口，遇见了大飞。我们俩真是有日子没见了。

还记得初中没毕业，大飞就一个人出去闯荡了，送过快递，当过保安，甚至还创过业——在苏州城开了一家门店，专卖杂粮煎饼。他的煎饼又薄又脆，嚼起来，唇齿含香，生意非常红火。茶余饭后，经常有人说，大飞这孩子混好了，小小一张煎饼，就能成就一番事业，了不起。

可大飞回来了，究竟什么原因，不得而知。有人说遭人排挤，生意做不下去了，也有人说，恋爱告吹，心灰意冷，打算回家过安稳日子。总之，在大家眼里，他闯了这么些年，啥也没有。钱，没挣上，媳妇，没娶着。

已近而立之年的大飞，一无所有，似乎就应该灰溜溜地沿着墙根走，但他没有。见到我，说起话来，依然眉飞色舞，对生活充满了热情。

夜里，大飞在我的房间留宿，像儿时的我们一样，望着天花板，有一句没一句地谈闲天。

我问大飞："兜兜转转这些年，又回到原点，会不会觉得很失败？"

大飞说："我并未回到原点，以前的我，自卑、懦弱，现在的我，自信、坚强，以前，遇上一点困难，就手足无措，现在，即便天塌下来，也可以不动声色。什么叫失败？止步不前，庸碌度日，才叫失败，只要努力了，就会变好，一天比一天好。事业有成是一种好，人格完善也是一种好。"

这正是我想对他说的话。

4

这是一个唱衰努力的年代，在不少年轻人眼里，努力是没有用的，所以"懒癌"泛滥，懒惰得心安理得。经常有人对我说，你写了那么多励志文，可努力不一定成功呀，你不要误导大家了。

是的，努力不一定成功，但努力一定会成为更好的自己。

如果你想考取清华大学，努力一把，你就可能考取山东大学。

如果你想减肥40斤，努力一把，你就可能减肥20斤。

如果你想找一份月薪上万的工作，努力一把，月薪7000的也许就向你抛来了橄榄枝。

也许你会说，后者不是我想要的呀，可是，不努力，后者你也得不到呀。

努力不一定成功，但朝着成功的方向去努力，你一定会成为更好的自己。

而成为更好的自己，就是一种成功。

对得起时间，对得起自己

因为你只有一辈子，所以要活成自己的样子

1

就在半个多月前，老家一个亲戚去世了，癌症晚期。

去年秋天确诊的。原以为她会活过这个夏天，活到这个秋天，不承想，春天刚刚露了个头，她便不声不响地走了。

不过六十几岁。小儿子刚有了儿子，她还没来得及抱上一抱，亲上一亲，就走了。

最后那段日子，因为疼痛难耐，她每天都要去医院输液。适逢过年，家中不能没有老人，一输完液又要赶回来。就这么来回奔波着，走的时候，一点儿也不安详。

按照习俗，尸体在家中安放三日，就入了土。

一个农民的一生，至此完结。像极了田里的庄稼，在春天

破土萌芽，冬天一到，就枯黄萎落，沉入地下，自然而又潦草。

是的，潦草，潦草到没有自己的生活。幼年贫苦，忙着找一口吃的，寻一口喝的，忙着填饱肚子；没读几年书，就开始下地干活，帮着家里维持生计；婚后呢，又将所有时间花在生儿育女上；眼看着儿女一个个长大了，成年了，结婚了，儿女也有了儿女，总算松一口气，可以支配自己的生活了，却老了，患病了，没多少日子可活了。

多少年来，一辈辈的农民都是这么生活的，或许，还要这么生活许多年。

2

是的，近年来，随着年龄渐长，开始越来越多地目睹死亡。

高三那年冬天，一向身体硬朗的外公，忽然间病倒了。正值寒假，我和母亲深一脚浅一脚地踩着大雪去看他。他已经说不出话了，直挺挺地躺在床上，眼睁睁地望着我流泪。不出半个月，一句道别的话都没留，他就走了。

然后是外婆。外公去世三年后，五一假期，我回家探望母亲，不想正赶上外婆的葬礼。这个小脚老太太，幼年时候，我总爱扯着她的衣襟去买糖果，或者拿起她的拐杖当金箍棒耍。转眼间，我长大了，她去世了，我们连最后一面都没有见到。

再然后是大伯。五年前的一个夏天，一场暴风雨过后，在院子里排水的他，轰隆一声，被整堵墙埋在了下面。等家人发现，移开砖块，他早已血肉模糊，不省人事。

……

生命，是如此脆弱。死亡总令人猝不及防，不约而至。

3

与此同时，在我二十余年的生命里，也曾有过那么两次，和死神擦肩的经历。

第一次是和乡亲搭乘机动三轮车去县城赶集，在某个路口拐弯的时候，车整个儿翻了，大家都被盖在车斗里。一瞬间，黑暗袭来，后脑勺疼得几乎碎裂开，身体完全不能动弹，似乎被吸附在了大地上。

掀开车斗，在家人的搀扶下，依然过了好一阵，才敢站起来，颤颤巍巍地往前走。

第二次是在杭州念书的时候，陪好友去游乐园坐过山车。当身体被悬在高空高速旋转的那一刻，劲猛的风吹得自己几乎喘不过气来，很有一种下一秒就要死掉的错觉，不由得紧紧闭起了眼睛。

地狱之门是否已经敞开，下一秒，自己就要被甩进去？

或许，在某些人看来，坐过山车特别刺激，特别好玩，但我只坐了一次，就发誓这辈子再也不坐了。当过山车停止，解开安全带，双脚踏在地上的那一刻，真有重回人间的感觉。

是的，活着真好。还能活着，真好。

有了这两次经历，我开始问自己，你怕死吗？是的，我怕死，毫无疑问。

因为只要活着，一切皆有可能，而倘若死了，就什么都没了。

4

我们总是在死亡来临的时候，才想到活着的意义，才想起有几多心愿未了，想见的人未见，想做的事未做。一生很短，遗憾却很长，走到生命的尽头，才发现两手空空，一切都已经来不及。

而当我们活着的时候，却会下意识抱着从众心理，哪条路走的人多，我们走哪条路，哪条路更平坦，我们走哪条路，浑然忘了听听自己内心的声音。我们总喜欢说，做自己，口号一个比一个响亮，到最后，究竟有多少人做到了？很少很少。

归根结底，我们害怕冒险，我们向往安逸。努力奋斗，永远比不上躺下来舒服。万一白白冒险，万一奋斗成空，怎么办？我们不要走错路，哪怕一次也不要。

我不想用"梦想"之类的词语来压你,这是一个不缺"鸡汤"的年代,有没有梦想,要不要实现,都是个人的选择。我只想说,因为你只有一辈子,没有下辈子,所以,务必要活成自己的样子。

是的,打破条条框框的束缚,在不违法犯罪的前提下,在不损害他人利益的前提下,去做自己想做的事,成为自己想成为的人。

在世俗生活中,做一个不世俗的人。

即刻,马上,去行动。

你怎能倒下，身后都是等着看你笑话的人

1

我有一位远房亲戚，名叫小安。

小安大学毕业后，留在了大学所在地济南工作，拿着一份勉强糊口的薪水。日升月落，在大大的世界里，怀揣着小小的梦想。或许是忍受不了异乡漂泊的孤独，又或许看不到职业前景，两年后，小安背上行囊，回家了。

之后小安在老家附近的乡镇中学做了一年教师。没有编制，只是代课。一年间，学生成绩每况愈下，违规违纪现象频出。小安打算第二年重整旗鼓，从头再来，可学校没给他这个机会，随着新教师的加入，他很快被辞退了。

失业后的小安，一度想过考公务员，买来大量的复习资料，

像模像样地报了辅导班。可中途还是放弃了。因为很多人都说"考公务员太难了""到头来不过浪费时间"。

最后,小安去县城一家化工厂打工了。和邻居顺子一道骑着电瓶车上下班,做着毫无技术含量的工作,三班倒。

去年夏天,小安结婚了,女孩是通过相亲认识的。今年8月末,小安又当了爸爸,大腹便便地杵在街上,和每一个经过的路人打着招呼——吃了吗,时而将女儿高高地举过头顶,逗弄着,嬉笑着。和村里任何一个男人没什么两样。

是的,一个准大学毕业生,既没有创业,也没有找到一份正规的工作,回到农村老家,过上了"三亩地,一头牛,老婆孩子热炕头"的生活。短短几年,小安就将自己的一生给打发了。

多少人在背后窃窃私语,多少冷眼和嘲笑在空中翻飞。

我不知道小安是怎么想的,他是如何说服自己认命的,曾经的一腔热血都洒向了哪里。换作是我,首先就无法忍受那些戳别人脊梁骨的人,我不能让他们笑着看我哭,我的人生,凭什么给他们制造笑料,一刻也不能。

是的,一看到你们笑得那么开心,我就满血复活,战斗力爆表了。

2

上个月,一天深夜,久未联络的大佐,突然给我打来电话。

听上去,大佐是有些醉了,声音飘忽不定,如同梦呓。大佐先是回忆了一把我们的高中岁月,爱恋的女孩、严苛的班主任,以及作弊未成功的那场考试。然后,又和我絮叨半天当下的流行乐、真人秀节目。最后,终于将话题扯到了创业上,怯怯地问我:"手头是否宽裕?"

那一刻,我忽然感到一阵心酸。

我们曾是多么要好的小伙伴,一条裤子穿了十几年,什么大风大浪不是一块挺过来的?有困难就说,搞这些虚头巴脑的干什么?还要喝点酒壮胆?你把我当成什么人了?

工作一年整,我存了两万块,当即划了一万给他。

大佐抱着电话哭了好久,说:"兄弟,你的情谊,这辈子我也还不清了。"

我为什么那么挺大佐,单单因为关系铁么?

不,严格说来,我挺的不是大佐,而是一个人的志气、不服输的精神。

三年前,大佐离开老家,走前,他曾撂下一句狠话,不挣到一套房子的钱,不回来。老家一套房子,三室两厅,100多平,加上装修,统共40余万元,算不上大数目,但仅凭一个月几千块的工资，老实巴交地上班，不知道要攒上多少年。父母一天比一天年迈，大佐想早些给他们一个温暖的家。

所以，大佐辞掉县城的工作，南下创业了。一开始做的是餐饮，后来又做家具，头两年家具城赚了不少钱，今年行情不好，又赔进去一些。大佐从来不说，但我一直都知道。

电话打到最后，大佐哽咽着说："我不能让我三叔指着鼻子骂'孬种，你还不是灰溜溜回来了'，从小到大，我三叔就看不起我，小时候我成绩不好，每次去他家里做客，他都会奚落我。"

大佐说得对。一个人活着，不仅仅要活出自己，还要活给别人看。那些看不起我的人，总有一天，我会让你仰望不起。

3

回想我的求学生涯，也是蛮坎坷的。

高考失利，复读三年，依然未能考取理想的大学，继而参加自学考试，又考了五年，才勉强拿到一张毕业证。

整整八年，像极了一场战争。

这场战争，谁也帮不了我，我只能一个人孤军奋战。

复读那几年，每每考试结束，总有人跑来问我，表达"适宜"的关切："今年又没考上吗？"

当我准备去参加自学考试的时候，依然有人"建言献策"："不如，你从高一再读一遍吧"。

甚至当我拿到毕业证书，准备考研的时候，隔壁老奶奶还在"好心好意"地劝慰："找不到工作，就回家来种地咯。"

直至我考上研究生，从邮局拿到崭新的录取通知书，他们才噤声了。

包括写作。

从我在公众号敲下第一行字的那天起，就不断听到这样的声音——

你写的东西，十几岁的小孩子都会写；

你写的东西，一点儿意思都没有；

甚至——你写的东西，就像一坨屎。

相信吗？大年初一当天，我还收到一条信息，骂我狼心狗肺。仅仅因为文章所折射的价值观和他的不一致。

直到今天，我出版了自己的书，依然有人问——

出这本书，你花了多少钱？

是导师帮你的吗？

你是在出版社工作吗？

我无意吹嘘自己有多厉害，比我厉害的，大有人在。我只想说，越是有人不看好你，你越要看好自己。他们想看你的笑话，想看你跌得有多重，摔得有多惨，你就要活成一个传奇，爬得越来越高，走得越来越远，让他们成为笑话。

人活一张脸，树活一张皮。我就要光芒万丈地出现在你面前，希望到了那一天，你还可以笑得出来。

4

返京的火车上，一个女孩子捧着刚泡好的面往回走，突然，一不小心，被脚下的香蕉皮滑倒了。面撒了一地，半条手臂也被烫着了。

女孩子下意识骂了句脏话，一瞬间，半个车厢的人都笑了。

我心里说不出的悲凉。

莫言说，当年鲁迅用他的笔，揭露了"看客"心理，有人说这是中国人的劣根性，其实，这不独是中国人的劣根性，而是全人类的劣根性。

每个人，多多少少都抱着一种得胜的心态，来看待别人的失败。

经常收到年轻读者的咨询，我也想努力，可就是没有动力，怎么办？

想一想，你学习不好，老师无意间抛来的眼神。

想一想，你工作不好，同期入职的同事们，升职的升职，加薪的加薪，徒留你一人"坚守岗位"的滋味。

想一想，作为一个屌丝，当你推开奢侈品商店的大门，服务生一张张漠然的脸。

想一想，作为一个胖子，周遭无处不在的鄙夷、嘲笑，乃至被排挤。

你怎能倒下，身后都是等着看你笑话的人。

你不能。

Part3
没有不够用的时间,只有不想做事的心

认真做事只能把事情做对,
用心做事才能把事情做好。
与其抱怨时间不够用,
不如反省一下自己真的用心了吗?

你成不了事，是因为没把它当成事

1

自从和大壮搬到了同一个小区，每次在街头相遇，他都会拍着我的肩，急切地督促道："记得以后每天晨跑，六点到七点刚好一个小时，在楼下喊我一嗓子。"

每次我都会笑着回应一声："好嘞，放心吧。"

可一个月过去了，大壮也没从楼上下来过一次。有时我嗓子都喊哑了，直惊得其他楼层的居民要投诉，大壮的窗口依然没有灯光亮起。

大壮也很无奈，每次都刚好有事，脱不开身。比如，那天朋友来借住，总不能大清早出去跑步，丢他一个人在家吧，人家大老远过来一趟，多不礼貌；比如，那天上早班，七点一刻就要坐在办公室里,如果去跑步,哪来的时间乘车,岂不是要耽误了?比如,雾霾天去跑步?不要开玩笑了,想自杀你请便,可不要带上我。

听上去很有道理,无可反驳。久而久之,这事儿便成了一种恶性循环,每一次都信誓旦旦,而每一次也都沦为空谈。

其实细想起来,大壮的"无奈"完全立不住脚。朋友来借住,你刚好拉他一起去跑步嘛;怕耽误上早班,可以只跑半小时啊;雾霾天不适合,晴天的时候你跑了吗?

归根结底,晨跑这件事对他来说根本不重要。

是的,很多时候,我们之所以做不成一件事,是因为没把它当成事。一件事在心里没有存在感,无可无不可,又如何做得成呢?

2

去年入冬的时候,在商场买了一件羽绒服。囊中羞涩,只买了一件,所以整个冬天都穿在身上。春天来了,气温升高了,脱下羽绒服开始穿单衣。

每次周末休息,打开衣橱,看到这件羽绒服就会暗自琢磨——哪天放进洗衣机里洗一下,哦,不,听说羽绒服不能放进洗衣机里洗,那就到洗衣店洗一洗?一件五百块左右的羽绒服值当跑去洗衣店吗？附近好像也没有看到洗衣店。

就这么琢磨着，琢磨着，一年过去了。冬天又到了，需要穿棉衣的时候，我才发现，去年的羽绒服还没洗，袖口和领子依然是脏的，其中一枚扣子上还有淡淡的墨水痕迹。顾不上那么多了，就这样，我又穿了一个冬天。

过年回来，脱掉羽绒服，换上卫衣，真真切切地感觉到，羽绒服再不洗，就该丢进垃圾桶了。可是，刚坐了六七个小时的火车，不是应该休息一下吗？

如你所料，而今，这件羽绒服依然未洗，还被四仰八叉地丢在沙发上。

为什么呢？

坦白讲，比起其他许多事，"洗羽绒服"这一件事在我心里根本无所谓。毋宁说吃饭、睡觉、上班、写作，就连打游戏、刷微博都比它重要。打完这一局我一定洗，越打越上瘾，看完这条新闻我就洗，越看越来劲。终于，"洗羽绒服"变得遥遥无期。

一件无所谓的事，不可能有所为。

3

大学时期，曾在市区做过一段时间的家教。

像许多问题学生一样，我带的那个男生聪明过人，但不将这种聪明放在学业上。每次布置的作业都完成不了，要么写了一点儿，要么根本不写——昨晚通宵看球赛，没时间，语气坦诚而无辜。

有时候，讲着讲着，他就会打断你，询问一些和学习完全无关的琐事。听说大学里翘课是常有的事，是不是？你们的期末考很容易通过，对吗？你们班女生多不多，漂不漂亮？求介绍啊。

每每看到他嬉笑的嘴脸，总是气不打一处来。

有一次，授课完毕，外面雨势正急，就在男生家避了一会儿。其间，他不是问我有没有玩过这个游戏，打到了第几关（同时，炫耀一下自己的装备），就是翻出自己收藏的邮票，让我猜这一枚价值几何，那一枚又有什么文化背景。

一年下来，我劳神费心，疲惫不堪，他还是没考上。

最后一次结算工资，家长阴阳怪气地说，我知道你们大学生没钱，但也不能只为了挣钱。我笑了笑回复她，在你们眼里，学习成绩是天大的事，可在他眼里，根本不是事，自己不当回事，找再好的老师也无济于事。

不是吗？你有没有用心，时间会给你答案，你无所谓浇水施肥，它凭什么开出一朵花来？

4

写作以来，经常收到年轻读者的私信：20多岁了，感觉自己一事无成，做什么都不行。

我总是这样回复他们：想成事，就要把它当成一件事。

报了英语辅导班就按时去读，而不是中间偷偷跑去看明星演唱会，最后再抱怨没时间。

说好了早睡早起就关灯上床，而不是刷微博和朋友圈到凌晨十二点，最后再控诉单位上班早。

下定决心要减肥就少吃一点，而不是晚上嚼着薯片看韩剧，最后再摸着赘肉唉声叹气。

想做一件事，就把它放在心里，一点一滴求进步，一步一步去完成。

问问自己，你愿不愿为了一件事而排除万难？你敢不敢为了一件事而拼尽全力？你享受做一件事时殚精竭虑的状态吗？你会不会为了一件未完成的事而坐立不安，彻夜难眠？

希望你的答案是肯定的。

我之所以努力，是为了有一天能够潇洒地做自己

1

今早起床后，例常去洗手间小解。拧了拧门把手，打不开，里面有人喊"有人，等一下"。于是返回房间，为转移尿意，翻了几页书。

好容易听到门开了，一溜烟跑进去解决。然后洗手、刷牙、洗脸、洗头，水淋淋地低头折回房间，刚拿毛巾擦了擦，准备用电吹风吹头，洗手间的门又关上了。

怎么办呢？只有洗手间有一面大镜子，等着吧。这期间，吃了一根香蕉、半个橘子，喝了一口水。门终于开了，赶紧带上电吹风冲了进去。吹干头发，涂了些护肤品，然后，下意识回到房间拿梳子。是的，如你所料，洗手间又被占用了。

头发短也就算了，胡乱挠一挠了事。可最近头发长了，还没顾上剪，不梳头简直不能忍。于是，把剩下的半个橘子吃完，把垃圾桶里的垃圾倒进方便袋，把挎包里随身携带的东西收拾好。探身看了看洗手间，门，依然死死地关着。

好吧，在客厅里趿拉着拖鞋兜圈子，一面兜圈子一面数数，数到162的时候，门开了。进去就是一股臭味，很明显上了大号又没开风扇。我打开风扇，捏着鼻子梳头，梳着梳着，自己笑了，笑着笑着，眼泪流下来。

这是我要的生活吗？我不想再这么过下去了。

在去往单位的地铁上，我第一次有意识地筹划起了自己的生活。明年八月份房子到期，去租一居室，在此之前，能不花的钱就不花，能去挣的钱就去挣，KTV不要去了，看电影？省省吧。

生活很现实，努力从来不是备选项，而是必选项。不是要不要努力，而是不得不努力呀。

2

周末和一帮朋友聚餐，席间，吃着吃着，大秦突然哭起来，越哭越厉害，最后，干脆趴在了桌子上。

大家七嘴八舌地安慰着，约莫15分钟后，大秦平复了情绪，缓缓道:"我老公出轨了。林丹出轨第二天,我就发现我老公出轨了。一天晚上,他睡着了,有人给他发微信,我们两个一直以来都是透明的,互相知道对方的密码,我也没多想,划开一看,有女生给他发来一个亲吻的表情,就是那种斗图专用表情,我翻了翻他们的聊天记录,四个字,心如死灰。"

"赶紧跟他离啊,这样的男人留着过年吗?"大家异口同声道。想当初,大秦对他多好啊,给他做饭,帮他洗衣,隔三岔五还塞给他零用钱。人家嫁老公,都是嫁个取款机,她嫁老公,像养了个儿子。

"说离就能离,我也就不难过了。你们也知道的,大学毕业以来,我一直没找工作。做了三年的家庭主妇,想自力更生,一时半会儿真的没头绪。我只能打碎牙齿往肚里咽,一面观察他们的进展,一面找找工作。"

是的,大秦一直没什么事业心,婚后就和柴米油盐打交道了。老公赚得多,一人赚的两人也花不完,老公说我养你吧,大秦说好啊,一面感动得眼泪哗哗的,一面像模像样地做起了全职太太。做饭,养花,喂猫咪,在阳台上打打盹儿。

猝然间,生活就变成了另一番样子,容不得她做任何准备。

大秦感叹道:"我谁也不怨,说到底,能怨的只有自己。如果我早一点努力,现在就不用那么委屈。婚姻是两个人的,而生活却是一个人的。"

谁说不是呢？没有人可以永远做你的后盾，你，才是自己的后盾。多一分努力，才会在意外来临的时候，少一分倒下的可能性。

3

读者小灰在后台留言说："今天我无缘无故被老板骂了，原本责任并不在我，我却背了锅。我这边气得发抖，隔天，老板却像没事人一样，把我叫去办公室安排任务。

"你知道我什么感受吗？心里一万个'草泥马'在奔腾啊。真想指着他鼻子骂回去，甩脸走人。

"可我心里清楚，不能这么做。刚参加工作不到半年，要人脉没人脉，要资源没资源，甩脸走人，只能喝西北风。现在又不是招聘季……所以啊，越想越委屈，越想越郁闷。"

我特别理解他的感受。

作为一个新人，谁没有被骂过？别说被老板骂了，连同事都骂过我。就是那种无缘无故的骂，突然一坨翔丢在了你脸上，你还必须忍着恶臭自己擦干净，像什么也没发生一样，继续和他们共处，笑脸相迎，礼貌有加。

人在屋檐下，不得不低头。作为一介职场菜鸟，每个人都要去熬一段"不是人过的日子"。熬过去了,你就拥有了更多选择权,熬不过去,你就永远被别人踩在脚下,继续过"不是人过的日子"。

既然知道委屈,那就化委屈为努力,咬紧牙关,积蓄力量,提升自己。当你无所谓在不在这家公司,数不清的单位向你抛来橄榄枝,即使老板再骂你,还能伤到你分毫吗?

职场中,根本就没有无缘无故的骂,他之所以敢骂你,是因为你不如他。咬紧牙关,默默发力,当有一天你站在他头顶,他就只剩仰望的份儿了。

拍马屁?不好意思,排个队吧。

4

在这世上,一个人为什么要努力?

很简单,我之所以努力,是为了有一天能够潇洒地做自己。

想吃什么就买,而不是自欺欺人说"那个不好吃"。

想穿什么就买,而不是试了又试,告诉服务生说"颜色不合适"。

想怎么住就怎么住,而不是蜗居在出租房里,连洗漱都要先来后到,连上厕所都要急得跳脚。

想旅行就出去旅行,而不是人云亦云说"去了也就那样"。

想哭的时候就哭，想笑的时候就笑，受了委屈，第一时间怼过去，而不是告诉自己要有"格局"，要有"修养"。

想爱就爱，不爱就走开，而不是为了"一二三四五"留下来。

想在哪儿工作在哪儿工作，即使不工作也玩得起。

是的，我之所以努力，是为了在不违法犯罪的前提下，痛痛快快地做自己。

不努力，你就只能将就，被生活一步步逼到死角，控制自己正常的欲望，压抑自己应有的悲喜。活着活着，你就发现，在某一个时刻，自己把自己弄丢了。

还有比这更悲哀的吗？

你羡慕别人成功，为什么不羡慕别人吃的苦？

1

我在单位工作了大半年，一直在做最基础的工作，拿最微薄的薪水。北京什么都贵，用钱的地方很多，所以，不由得羡慕那些比我赚得多的同事，觊觎那些更有发展前景的岗位。

6月底，终于有了这么一次机会，某同事轮岗，刚好他的岗位空了出来。领导问我愿不愿意过去，待遇不错，但是很辛苦，要做好心理准备。我二话不说赶紧答应下来。一边想，辛苦？什么工作不辛苦呢。

结果，上了不到两周，我傻了。这个岗位是三班倒的，每个班次上一周，当然了，轮到大夜班，夜里十点半到凌晨六点半，同样也要上一周。大家都有熬夜的经验，偶尔熬那么一次通宵，的确没什么,但连着熬一周,你试过没?那感觉,怎一个"酸爽"了得!

我最困乏的时间段是凌晨一点多至两点,而这个时间段,恰恰又是工作最忙的时候,所以,效率就可想而知了。而领导之前千叮咛万嘱咐,这个工作一定要在一个小时之内完成,半个小时最好,于是很多时候,我恨不得一只手撑着眼皮,一只手不停歇地忙工作,或者"作虾米状"站在电脑前工作,生怕自己打瞌睡。

强撑到天亮,终于下班了。回到自己租住的房子里,依然睡不好,总是睡上一两个小时便会醒一次,再想睡着就很难,像个智障一样维持"葛优瘫"的状态,放空好久。即便睡着了,也是连连做梦,梦里都是工作,做梦比醒着都累。想想也是,白天原本就是出来活动的,夜晚才是睡眠的,日夜颠倒,睡好了才怪。

总之啊,连上一周大夜,最大的感受就是,身体一天天地透支。能够维持日常生活,身体各个器官照常运转,不至于住院,便心满意足了。

就这么上了一个多月,我再也不敢轻易羡慕别人了,甚至想打退堂鼓,要回到原来的岗位上去了。有天下午我去了主任办公室,我说熬不下去了,身体撑不住,能不能换个人来做。

主任说人手不够，建议我再调整调整，学着适应。

这周上的是小夜，再隔一周又要上大夜了。现在，再看到那些同事们，我眼里只有敬重，半点儿羡慕也没有了。

2

转眼，在北京一年多了，一直想让家人到这里来转一转。首都嘛，不管怎么讲，都带着那么些神圣感，再者，自从在外地求学以来，还从未和父母一起旅行过。所以，日夜期盼，终于等来了暑假，想着家里的孩子们放假了，田里也没有农活要做，而我刚好趁机请个年假，真是再理想不过。

可是，妈妈打来电话，说去不成了，姐姐的女儿，也就是我外甥女要参加舞蹈班了，周一到周五学文化课，周六周日上舞蹈班，每一天都被塞得满满的。不足6岁的女童，日程安排比我这个"奔三"的上班族都紧张。

我说："她才多大点儿孩子，别累坏了，比起世人眼中的'优秀'，她能健康成长更重要。"我妈说："谁让她跳了？是她自己要跳的，老喜欢跳了，睡前还要在床上跳一段呢，她兴致高得很，不嫌累。"我姐也跟着补充："她就是那种给个音乐就能舞动的类型。"

不嫌累是一码事，累是另一码事。以前，我这个外甥女最喜欢和我视频了,只要微信一响,她准是第一个抢到手机,聊天不超过半个小时打不住,从日常饮食到喜欢的玩具,从上映的动画片到各式发卡,从"和邻居小伙伴掐架"到"想你了"。而如今,每次晚上打过去,她依然是第一个抢到手机,但却只会望着我愣神,喊个"舅舅"就忘记了要聊什么,我问一句,她答一句,不问,就只是笑笑。

想到这里,就觉得挺心酸的。

昨天,姐姐告诉我说,外甥女被抽中去县里参加比赛了,在宽阔的人民广场上,跳给大家看。这是全县组织的节目,每个乡镇都有代表,每个舞校都有节目,外甥女的节目被安排在了后面。小小的她,最近正忙着排练呢。

姐姐还说,如果在这个比赛中取得好成绩,就有机会在年底参加市里的春节晚会。

就在我写这篇文章的前半个小时,家人正在广场上观看外甥女的表演。妈妈说,身边的人络绎不绝,纷纷夸赞小女孩跳得好,尤其是那些带着小孩子来看的,更是羡慕不已,说如果舞台上那个穿着红舞衣带着金色发箍的是自己的孩子,多好啊。

若是我在场,一定会笑着问问他:"你羡不羡慕一个上完课倒头就睡的孩子?你羡不羡慕一个丢失了童年的孩子?"

3

小区门口有一家早点铺,生意特别红火。

和大多数北方的早点铺一样,有包子、油条、豆腐脑、馄饨、小米粥、茶叶蛋,等等,但物美价廉,附近三四个小区里的人都跑来吃。往往不到八点钟,就卖完了,尤其是工作日,队伍都排到了大街上。就连周末,有一次,我六点多钟过去买油条,前面还排了三四个大妈呢,排在第一个的大妈还一再和师傅确认:这锅里炸的是不是我的?

说起来,附近的早点铺少说也有六七家,但哪一家都比不上这一家,似乎只有干瞪眼的份儿。往往这边卖完,已经开始收摊了,那边才慢慢有人上桌,就好像这边已经赚得盆满钵满,再也盛不下了,施舍一下,接济一下那边。你说眼馋不眼馋,气人不气人?

讲真,每次我从这家吃完早点,返回住所的路上,都生怕另外几家的目光刺伤我,嗖嗖嗖,咻咻咻,我甚至脑补出了那声音。

不过,当你了解了别人的辛苦,你就不得不服。

有一次,一位男士一面吃早点,一面和店家开玩笑:"我干脆给你们打工吧,上班也挣不了几个钱。"

店家报以微笑,是那种微微的苦笑,然后说道:"你能坚持一年三百六十五天天天凌晨两三点钟开始工作吗？你甘愿为了买一把更新鲜的蔬菜、买一桶更优质的食用油而跑遍大半个城市吗？你喜欢整日'油头粉面'烟熏火燎的自己吗？"

男士哑然，顿了顿说："我只是开玩笑而已嘛。"

4

这个世界上，让我们羡慕的人真多呀。

我们羡慕明星，光鲜亮丽。

我们羡慕富商，出手阔绰。

我们羡慕学霸，金榜题名。

我们羡慕领导，干最少的活，拿最多的钱。

我们羡慕网红，微博上随随便便发个自拍，就被转发成千上万。

我们甚至羡慕隔壁女孩瘦，羡慕楼下男孩有肌肉。

可我们唯独不羡慕别人为此吃过的苦。

我们唯独不愿意和别人比一比谁更能吃苦。

我们从来也不知道，吃不了别人的苦，就没资格羡慕别人成功。

没有不够用的时间，只有不想做事的心

1

周末去南京出差，火车上，对面坐着一对父女。父亲靠在座椅上打盹，女儿埋头写着作业。整节车厢喧哗异常，一时间，她成了一个特殊的存在。

大约10岁的小女孩，一会儿抓耳挠腮，一会儿眉头微蹙，表情生动极了。我忍不住和她攀谈起来。

"小妹妹，你们这是去哪儿？"

"去南京旅行，看海底世界！"小女孩按捺不住激动的心情，把笔举得高高的，"我爸说，一下火车，我们就先去吃鸭血粉丝汤，我超喜欢那个汤，上次吃还是一年前。"

"你读几年级？作业很多吗？"她说话的同时，依然在答题，

我忍不住问道。

"三年级，作业不少，不过呢，我现在只剩数学没有完成了。"她顿了顿，打开习题集示意给我看，"喏，把这一页做完就OK了。"

"周一就要上交了吗？"

"是啊，所以要在旅途中完成，尽情享受旅行。"她一面说，一面翻到了习题集的最后一页。

看着她专注的样子，我什么也问不出了。

我敢说，这个小女孩长大了一定有出息。那么小就懂得时间管理，旅行和学习一样不耽误，愿意挤时间，也知道怎么挤时间。

想一想，像她这个年龄段的孩子，有多少还处在"撒娇耍赖"的阶段呢？他们把学习当成一种苦役。

2

同事小宋和我同龄，我入职的那一年，她已经是单位的副主编了。

年轻有为，而且是一位女性，多多少少会引起别人的艳羡，甚至嫉妒，不乏有人戴着有色眼镜看她。领导层，她一定有人吧？不然，家里一定有钱吧？无权无势，单凭自己打拼，在这个年代，

Part3 没有不够用的时间，只有不想做事的心

谁信啊？

坦白讲，我也曾是心生疑窦的那个人。

直到有一天晚上，加班到深夜十点，在回家的地铁站旁，接到了她打来的电话。

"你是不是上大夜？有篇稿子需要修改一下，我发到了你邮箱，注意查收。"她语气仓促，电话那边隐隐传来婴儿哭闹的声音。

是的，彼时她还在坐月子，请了产假，但依然牵挂着工作上的事。

回去的路上，我想了很多。

职场中，似乎我们每个人都觉得没有时间，任务繁重，加班加点也完不成。可是，一个休假在家、奶孩子的女性，都能腾出一只手来打理工作，还有什么好讲的呢？

从那天起，确切说，从那一刻起，我对她生出一份敬畏来。

一个人优不优秀，就看他能不能抓住一切可用的时间，投入到自己喜欢的事业上。看一看身边比你优秀的人，一定比你更懂得利用时间，更懂得争分夺秒的意义。

3

诺贝尔文学奖获得者、享誉世界的短篇小说大师艾丽丝·门

罗，也是一位时间管理达人。

你知道她的那些小说都是在什么时间写出来的吗？孩子的呼噜声中，菜烧好以后，或者等待烤炉的间歇，写上一句半句、一段两段。就这样，日积月累，才有了今天的成就。

门罗是一位家庭主妇，平日里，不仅需要照顾四个孩子的日常起居，还要每周去书店帮两天忙。即便如此，她依然见缝插针地写作。曾有一段时间，她写作至凌晨一点，六点又要起床烧饭，不规律的作息令她极度恐慌，甚至疑心自己会心脏病发作。"死掉怎么办？死掉我也写出了那么多东西。"

"我没有一天停止过写作，就像每天坚持散步。"门罗如是说。其实，换一种说法就是，只要你喜欢做一件事，就总能找得出时间。怕就怕你不喜欢，还拿没时间来搪塞。

身边有一位作者，19岁那年就出版了自己的第一本书。

当大家纷纷表示被她的才华所折服时，却很少有人知道她为了写这本书，付出了什么。

那时候正值实习期，工作很忙，学校里也有论文等着开题。怎么办呢？她就在地铁上写书。

是的，那本书里的每一个字词，都是她在地铁上一个个敲出来的。人流如织的上海，地铁经常没座，她就那样站着，摇摇晃晃地写完了这本书。

4

现在一些年轻人,很喜欢说没时间,尤其在正经事上。

你有时间刷微信,但没时间读书。

你有时间看韩剧,但没时间备考四六级。

你有时间上网淘宝,但没时间静心工作。

最后的最后,你只有时间迷茫,而没有时间努力,哭丧着一张脸,四处找人寻求答案。

早年间,鲁迅先生就曾说过这么一句话,时间就像海绵里的水,只要你愿意挤,总还是有的。

怕只怕,你不愿意啊。

是的,没有不够用的时间,只有不想做事的心。在抱怨没时间之前,不妨问问自己,你真的想做这件事吗?为了它,你能废寝忘食吗?你能披荆斩棘吗?你能置之死地而后生吗?

亦舒在文章中写道,一位大律师接受访问,记者问他:"业务繁忙如何抽空搞音乐?"他笑笑答:"要是喜欢,总有时间,譬如说,人家吃饭,我不吃,人家睡觉,我不睡,我作曲,我练习乐器。"

就是这个道理。

贫穷并不可耻，可耻的是甘于贫穷

1

作为家中唯一的儿子，从小被父母娇惯着，多年来，我始终对贫穷没什么概念。

高中三年，由于学校和家离得远，我开始了寄宿生活。学业繁重，每月只能回家一次，所以，爸妈或者姐姐，偶尔会抽出时间到学校看望我，多半都是领我去附近餐馆吃顿好的，改善改善伙食。碰上姐姐发工资的时候，她会带我去商场买件新衣服。

有一次，爸爸来看我，照例带我去学校东边的小餐馆吃饭。

点了一份蘑菇炒肉，我的最爱。那天人不多，菜很快上桌了，爸爸又在路边买了几个烧饼，也是我的最爱，我狼吞虎咽，

没有不够用的时间，只有不想做事的心

一连吃了三个大烧饼，蘑菇炒肉里的肉也被我挑完了。爸爸慢悠悠地吃着剩下的一个烧饼和盘子里所剩无几的蘑菇，表情里有着说不出的愉悦。是的，只要我能吃，他就开心。那些年，他和妈妈一直挂心着我的身体，就怕我吃不多，太瘦。

一会儿，爸爸也吃完了，开始喊老板结账。

"七块五。"老板说。

"多少？"爸爸一脸诧异，似乎没听清的样子。

"七块五啊。"老板有些不耐烦。

"七块五？"爸爸依然不确信，"那么贵。"

老板什么也没说，摊了摊手，鄙视的神情溢于言表。

爸爸从裤兜里掏出一沓用塑料袋包好的钱，抽出一张十元纸币，递给老板。找完零钱，他推上自行车，准备回家。我也折转身来，开始返校。

那天下午上的是我最喜欢的语文课，可是，我一个字也没听进去。脑海里全部都是爸爸诧异的眼神、听到"七块五"时一副不确信的样子。

晚上去浴室洗澡，借着哗哗的水声，我终于痛痛快快地哭了出来。十七年来，我从未哭得那么惨、那么痛。仿佛有把刀硬生生戳在胸口，任凭怎么努力，都拔不出来。原来，我一直以来养尊处优的生活，都是一种假象，父母始终在贫穷的泥淖

里挣扎，一张纸币就轻易折损了他们的颜面。

此后，我开始发奋读书。心中唯有一个信念，考上大学，改善家里的经济条件，不要再因贫穷而被任何人瞧不起。我们可以穷一时，但不能穷一世。贫穷本身并不可耻，可耻的是甘于贫穷。我不甘。

坦白讲，那时我成绩并不好，除了语文和英语，其他课程均在及格线边缘徘徊。但我还是凭着一股死磕的精神，认认真真听课，大量地做习题，一颗心扑在学习上，最终考取了一所二类院校。

2

读大学以后，我依然常常因贫穷而遭到耻笑，因贫穷导致的短视而受到奚落。

我的大学位于南方一座富饶的城市。学校里百分之九十都是当地的学生，他们经常穿着各种品牌的衣服在校园里招摇过市，大大的logo在阳光下熠熠夺目，拿着最新款的手机煲电话粥，甚至自己开车上下学。

印象深刻的一次是，某日下午，我和舍友在网上看一档娱乐节目，被采访的一位明星嘉宾，脚上穿着一双款式特别新潮的鞋子。我当即喊出声来："这不特步吗？哪天我也买一双这样的，真好看。"

"你开玩笑的吧？哥们儿，特步和耐克傻傻分不清？"舍友一脸的不相信。

"耐克？耐克什么档次，和特步比起来，哪一个更好？"我顿时羞红了脸，小心翼翼地问着。

"当然耐克啦。"他笑得差点跌坐在地上，"你连耐克都不知道？"

此前，我一直以为，特步是世界上最好的鞋子，因为我们县城从来没有一家耐克店。而最繁华的一条街上，特步的店开得高高的，大大的，光洁如新的玻璃门内，货架上放着一双双各种款式的鞋子。店员涂着淡淡的妆容，一副拒人于千里之外的"冰山脸"。

后来，我误把耐克当特步的事情就传了出去，大家有事没事，便喜欢半开玩笑地奚落我。这事一传就传了四年。或许，同学们并无恶意，只是单纯觉得好玩，大学生活很无聊，拿来做做谈资没什么不好。但是，不得不承认，我多多少少受了影响，落下了心事。以后再谈衣服和鞋子，我都下意识避开品牌，只讲款式。

经过这件事，对待生活和学习，我比之前更用心，也更拼了。

我开始大量地做兼职。像很多人一样，也站在路边厚着脸皮发过传单，有时递给别人，别人也不要，或者刚接过来就丢到了垃圾桶里，我都装作没看见。我清晰地记得自己第一次发传单，一上午赚了十五块钱，一张十块，一张五块，被我仔仔细细叠了又叠放在书包的内兜里，琢磨着给家里人买些什么好。

去教育机构给小学生辅导作业，有几个特别调皮的孩子，将作业丢在一旁不写，互相打闹，大声喧哗，我跑过去制止，他们就朝我吐唾沫，捡起地上碎掉的粉笔头扔过来。但我依然很开心，很知足，因为一到月底，就可以拿到一笔钱，虽然微薄，但多少可以减轻家里的负担。

兼职之外，我利用一切可以利用的时间，把专业课学好、学扎实，每年的奖学金名单里都有我，毕业前夕，还获得了省优秀毕业生称号。同时，坚持阅读和写作，零零散散的"豆腐块"开始在各大报刊发表，拿着汇款单去邮局取款，成了家常便饭。

是的，贫穷非但不可耻，而且是一种动力，它会逼迫你一点点从低谷往上爬，披荆斩棘，道路越走越宽。或者说，只有当你真正意识到自己的贫穷，感受过冷言冷语的重量，才会从内心油然而生一股力量，破釜沉舟地往前闯。

3

网络上，经常有年轻读者向我抱怨，自己怎样穷酸，每天过着苦兮兮的小日子，为了一口饭摸爬滚打，受尽歧视和冷眼。在光怪陆离的城市里，越来越感受不到自己的存在。

前阵子，不是还流传过这样一句话么：有些人不是赢在了起跑线上，而是生在了终点线上。

可是，这样的自伤自悼，这样的自怨自艾有什么意义？命运从来都不公平，贫富差距始终存在，这是无可更改的事实。生活不会因为你卖惨而给你一百万，人活着，拼的不是泪水的浓度，而是不服输的气度。纵使生活一再打压，你也要记得昂起头颅，一往无前地走下去。这才是贫穷的日子里，你最大的底气和财富。

贫穷并不可耻，可耻的是甘于贫穷。可耻的是，你被贫穷挫伤了锐气，作茧自缚，庸碌一生。

你那么喜欢找捷径，一定走了不少弯路吧

1

读高中的时候，有一位同学，平日里不好好学习，考试又想及格，怎么办呢？作弊。

来得及，就提前两天自己做小抄；来不及，就花钱购买别人的课堂笔记，考试的时候，不是塞在脚后跟，就是夹在桌缝里。当然，还有许多我们闻所未闻的方法。只要监考老师一个不留神，他就得逞了。

可谓屡试不爽。

后来，实在不愿继续待在"苦闷"的校园里，"反正读书就是为了挣钱，何不绕过读书直接挣钱呢"，抱着这样的想法，他辍学外出打工了。

文化程度低，又没什么技能，找到的工作，自然薪水微薄。做了不到半年，他就辞掉，和另外一位要好的同事，合伙去挣大钱了。据说工作清闲，日进斗金，一副马上就要衣锦还乡的样子。

不久，他掉进传销组织的消息便传播开来。

父母心急火燎借了十万块钱，搭乘长途汽车，辗转数个省份去救他。钱交到对方手里，他还被打了一顿，才勉强放出来。不，翻墙逃了出来。

是的，这个世界上，从来就没有不劳而获的事。你想不劳而获，就会自食苦果，你处心积虑找捷径，到头来往往会走弯路。

2

一位刚认识的作者在微信上问我，能否帮忙转发文章到朋友圈，阅读量实在太低了。

大致浏览了一下他的公众号，阅读量二三十。我问："你的粉丝多少呢？"

他说："三百多。"

我回复他："这很正常啊，你想要多少的阅读量？"

他没有正面回答，只说："我最好的阅读量是一千多。"

我大概明白了怎么回事。真心实意告诉他："想要阅读量高，就要粉丝多，想要粉丝多，就要把文章写好。你之所以阅读量低，归根结底是文章不够好。与其四处找人转发，不如好好写文章。"

他说："你还真是心直口快。"

我传了一篇他自己的文章给他看，大意是"年轻人不要急"。

他没有再回复。

第二天一早，我就看到他在朋友圈激动地说："感谢大家帮忙转发！"下意识翻了翻昨天的文章，果然，阅读量上千了。

我不晓得这条路他能走多远，但一定是走不远的。一个作者，不考虑如何把文章写好，而是一门心思找人转发，抄近路，这种主次颠倒的行径，不仅透支了人情，而且懈怠了写作。

人啊，一旦尝惯了走捷径的甜头，就不愿踏踏实实下功夫，到头来，将会绕更远的路，吃更多的苦。

3

前些天，听严歌苓在"一席"做的公开课，感触颇深。

为写好《妈阁是座城》，她飞去澳门，做了一次赌徒，输掉几万块；为写好《第九个寡妇》，她两次跑到河南农村，日出而作，日落而息，像模像样地做起了农民；为写好《老师好美》，她专程去北京的中学做调查，看学生们上课，和他们聊天，与他们在网上通信；为写好《小姨多鹤》，她在日本待了三次，住在一个叫 Nagano 的小山村里，观察他们的日常礼仪、生活起居。

她明明可以通过网络或书籍收集资料，甚至仅凭自己的想象来写作，作为一名资深作家，这并非什么难事，但她就是一点儿不含糊，非要深入细致地体验过生活，才肯下笔。

严歌苓总结说，作为一名职业作家，就应该用这种笨办法，写什么像什么，扎扎实实。

正因为如此，严歌苓的小说画面感非常强，语言生动形象，读之如身临其境。除了拿下几乎所有华语文学类大奖，许多影视剧导演也竞相找到她，商榷合作事宜。

迄今，"严歌苓"三个字早已成为一张金字招牌，无论在文学界，还是在影视圈，都是耀眼的宠儿。

4

这似乎是一个讲究速成的年代。

减肥产品的文案是这样写的"一个月狂瘦三十斤"；辅导机构的传单告诉我们"一个月掌握 8000 个单词，两个月拿下英语六级"；各种领域的讲师，做一次线下课程，主题动辄就是"如何实现从月薪 3000 到月薪 300000"。

每个人都很急，急着一步登天，一劳永逸。

因为一篇文章，我从自考生到研究生的转变，被许多人所熟知。然后，就有读者陆续抛来这样的问题——你成功的秘诀是什么？

很遗憾，我没有秘诀，或者说，秘诀很简单，无非一步一个脚印往前走。

唯有一步一个脚印往前走，才走得踏实，走得心安。翻过山，越过岭，走过平原，吹过风，淋过雨，浴过暖阳，才能成为更好的自己，才配得上沉甸甸的梦想。

你那么喜欢找捷径，一定走了不少弯路吧？该翻的山不翻，该越的岭不越，时过境迁，兜兜转转，才发现自己一生所寻，或许都在山岭之上。

与其四处找捷径，不如踏踏实实下苦功。功到自然成。

别人的成功都有猫腻，那你就心安理得地失败吧

前阵子，发了篇文章到微博，上了热门。二十四小时以内，点赞破千，阅读量二十多万。讲真，于我这样的小V而言，挺不容易的。然后，就收到了这么一条评论——你这热门是花钱买来的吧？

本想和他理论几句，后来作罢了。如果这么想能让他舒服的话，何必给人添堵呢？

我愿意做一个成人之美的人。

在他的理论体系里，自己的文章上不了热门，别人的文章就上不了，如果上了，那就一定是走了捷径，有见不得人的勾当。

我太明白这种阴暗心理了。别人的文章上了热门，让自己没有安全感，于是只好找个台阶下，继续活在"不是我文章差，而是我不屑于花钱"的舒适区里，日复一日，碌碌无为地过日子。

一来，没有义务教育他，二来，就算我把事实点破，他也肯定会说，你看你，急了吧？被我说中了吧？

Loser 的防御心都很强，就喜欢蒙着眼睛过日子。你敢揭面罩，他一准第一时间怼回去。

其实，这样的人并不鲜见。

前几天刷知乎时，我看到一个问题，XX 的公众号是怎么做起来的？一个 19 岁的女生，何以在几个月之内吸粉五十万？

下面许多答案都是这样的：

微博大 V 推的，你以为呢？

她背后有公司操作，不然，就凭那些无病呻吟的东西？

家里有钱，花钱买的呗，你不看她微博上，今天晒包，明天晒口红的。

而事实上，她能有今天，完全是靠自己的努力。

但凡订阅过她公众号的人都明白，几个月以来，她从不断更，且定时定点推送，文章犀利睿智，紧紧围绕时下年轻人最关心的问题。别人想到的，她写了，别人想不到的，她也写了。人家不敢说的话，她敢说，简单、粗暴，直指人心。每个月都会输出几篇 10 万+ 的文章，频频刷爆朋友圈。

有记者采访她，一天睡几个小时？她答："四五个。"

上次看她直播，她还很小女生地笑着和读者说："你看，我这黑眼圈重的,都是写稿写的。"

这样一个女生,没有人肯相信她就是有才华,就是很聪明,就是很勤奋。虽然这是事实。

似乎,只要相信了这一点,就是间接承认了自己的愚笨。而愚笨就像丑陋的胎记,必须遮起来。

谁比我强,我就抹黑谁,这就是他们"安身立命"的逻辑。而不是,谁比我强,我向谁学习。

许多人都是这么一步步沦为平庸的。

老家有个叔叔,年轻的时候,和同学一起做人发生意。做着做着,同学开起了人发加工厂,他还在零买零卖。几年过去,同学又在青岛创建了公司,和国外客户有着密切的往来,成了整个县城屈指可数的富商,他依然在零买零卖。

这几年,他年纪大了,零买零卖也干不动了,就在村西公路上做起了清洁工。

闲下来的时候,每逢别人提及那位富甲一方的同学,他都会打断说:"他呀,就是运气好,那几年,韩国来了几个客户,主动帮他忙了,不然,他哪里能有今天?"一面说,一面不自觉地瞪起了眼睛,似乎对面有人和他吵架一样。

其实,别人的关注点完全不在他身上。可他听上去不舒服呀。和我一起做生意的同学发家了,我还在灰扑扑地讨生活,心里能好受么？你们说起他的光彩，我就会想到自己的暗淡。

所以，不说他运气好，有贵人相助，我还能说什么？

他的成功有猫腻，我的失败才理所当然呀。

生活中，相信你一定对这样的人不陌生——

你长得比她漂亮，她就暗搓搓地说你是妖艳贱货；

你找了一份比他好的工作，他就说你托了关系走了后门；

你不声不响考上了研究生，他就说今年的题目比往年简单；

……

总之，你的精彩生活，都是处心积虑、蝇营狗苟得来的，只有我活得清清白白。

不知道这样的逼你们撕不撕，反正我不。

想起网上的一句话，对付一个傻子最好的方式，就是认同他的观点，让他继续做傻子。

是的，别人的成功都有猫腻，那你就心安理得地失败吧。

开心就好。

Part4
人生没有太晚的开始,但你不妨早一点

与其羡慕别人可以拼爹,
不如趁年轻,
好好去奋斗。
等青春散场,
英雄自会相逢在高处。

别在被社会淘汰之前，自己淘汰了自己

1

从小到大，数学成绩一直不好。念小学那几年，每每发成绩单，偶尔有一次过了及格线，带回家里，就会受到父母的表扬。小升初考试结束后，和同学们讨论数学题目，被老师听到了，他也会"咦"上一声，你也有答对的时候？

久而久之，我下意识认定自己此生和数学无缘了，就像一个瘸子，只能茫然地对着空旷的体育场发呆。

初中一年级，一堂数学课上，讲着习题，老师突然发问，我吓得赶紧趴在课桌上，恨不能钻到桌子底下去。如你所料，太惨了，我还是被点到了名字。

我颤颤巍巍地站了起来，低下头，嗫嚅着说："我……不知道。"

"这么简单的题目,你不知道?"老师笑了,随即叫了另一位同学。

当那个数字从他口中吐出来的时候,我整个人都崩溃了。是的,和我习题册上的答案一模一样。更令我意外的是,老师点点头,欣慰地夸奖了他。

那一瞬,我心里五味杂陈。惊喜、窘迫以及对自己深深的愤恨。

课后,我追着那个老师向她解释,其实我算对了答案,只是——老师笑了,什么也没说,匆匆走掉了。

这世上最可怕的事就是自己看不起自己,自我厌弃。上帝搭好了舞台,邀请你登上来,你都不肯给自己一个机会,那这样的人生,也就走到头了。

你自己都看不起自己,别人更看不起你。

2

多年来,我一直有一个秘而不宣的习惯,但凡外出,一律穿运动鞋,不穿帆布鞋。

为什么?因为矮。

读书的时候,我是那种永远坐在最前排的学生,因为只要有一个人排在我前面,我就可能看不见黑板。

拍集体照的时候,摄影师一说从低到高排队,我就很有自知之明地站到了最前面,因为只要有一人站在我前面,队伍看上去就不和谐。

体检的时候,我从来不敢站在测量仪上,等待医生一五一十地报数,而是自己偷偷填上一个。

有天晚上,和我一起北漂的老乡,突然打来电话说,肚子痛得厉害,能不能陪他去医院。二话不说,我带上钥匙和钱包就出门了。

一切安排妥当,老乡被推进手术室做阑尾手术,我才意识到,自己穿的竟是帆布鞋。一时间,我窘迫地只想找个地方坐下来,可是,周遭坐满了人,一张长椅上挤挤挨挨,大人抱着孩子,老人打着瞌睡。

怎么办?只好站着。站累了,就开始在走廊里走来走去。一面走一面想自己踮着脚尖在人群中交钱的样子,越想越滑稽。有一刻,我冷不丁笑出了声,望望四周,下意识捂起了嘴巴。

没有一个人注意到我,没有一个人。

一刹那我突然意识到,此前所有的困扰,或许都是自己臆想出来的。怕什么呢?大大方方走出去,阳光就是你的,春天就是你的,世界,就是你的。

这是你的人生啊,怎么舒服怎么穿,怎么轻盈怎么走。

3

初入职场的时候,表哥给我讲过一段自己的经历。

有一次,一位国外客户千里迢迢赶来洽谈业务,领导让他去接机,他不敢,谎称自己手头忙,昨天的文件还没处理。为什么不敢?想当年,英语四级考了三次才勉强通过啊,万一交流不畅,坏了公司的生意不说,自己恐怕也职位难保。表哥联想了各种尴尬的场面,越想越不敢去。

后来,格子间对面的小黄去了,过程竟意外地顺利。不仅公司接到的订单日益增多,而且小黄和国外客户还成了好朋友,下次休年假,小黄就准备去英国旅游了。客户热情洋溢,说要带小黄好好欣赏一番田园风光,感受一下"你们中国人所谓的'采菊东篱下,悠然见南山'的意境"。

忙里偷闲的时候,表哥向小黄打听当日的情景,同时不忘夸小黄英语好。小黄笑了:"唉,哪有你想象得那么难,都是日常用语,不外乎吃饭、喝水、坐车,难一点儿的,用不着你担心,他自己就在手机上翻译出来给你看……我大学学的是体育专业,都能应付。"

表哥的心一层 层凉下去,冷下去。

如今,小黄早已成为公司的高管,拥有了自己的办公室,而表哥依然坐在那个格子间里,重复着昔日的工作。

你看不起自己，这条路不敢走，那条路害怕踏出一步，路就会越来越窄，你习惯了低头，又何来出头之日？

这成了表哥最近的口头禅。

4

俗话说得好，金无足赤，人无完人。每个人身上，多多少少都有软弱的地方、羞于示人的地方，都有这样那样无可弥补的缺点。

你双目失明，常人看到的风景你看不到，描述一枚叶子你想象不到，形容一朵白云你体会不到，可是，你"看到"了他们看不到的世界，"感受"到了他们感受不到的生活。

你身体肥胖，服装店找不到自己的尺码，坐公交一人独占两人座，可是，你比别人多了一个目标，每甩掉一斤肥肉，就获得一份别人没有的快乐。

你出身三流学校，是个只住得起地下室的北漂，所以你培养了吃苦耐劳的精神，你逐梦前行的每一步都比别人更精彩。

这世上谁都可以鄙视你，除了你自己。别人鄙视你，不过一阵耳旁风，你鄙视自己，却是在自绝后路，抹杀了一切的可能性。

这是一个优胜劣汰的社会，很残酷，也很现实。别在被社会淘汰以前，自己率先淘汰了自己。

别让你的人生毁在这个习惯上

1

朋友圈有这样一位朋友，只要他一发状态，瞬间，整个屏幕都变得死气沉沉。

稿子写不出来，他说："我就知道自己不是写东西的料，每天都想死一万遍。"

作为一条单身狗，碰上周末或节假日，他说："人家长得帅，那叫撩妹，像我这种屌丝，只能叫性骚扰。"

工资低，生活压力大，一遇上交房租，他就说："下个月准备吃土了，白天吃土，晚上睡大马路，谁让自己没本事呢？"

同学自主创业，当了小老板，生意红火得很，参加完聚会他就说："我这辈子是没指望了，还是等我儿子当老板吧，我给他打下手。"

……

当然，其间多多少少带有自嘲的意味。偶尔自嘲一下，非但不令人生厌，反倒显现出一个人的谦逊和有趣。但自嘲次数多了，就变成了自怨自艾。你不开心，别人听着也难受。

忘记是哪一天了，一条状态终于击垮了我的底线，我就顺手屏蔽了他。

后来，无意中听人说起，许多作者早就屏蔽了他，只是没捅破而已。其中有位作者说了这么一句话，真是至理名言："想死我不拦你，但不要带上我。"

是的，活着已经很苦了，谁也不想因为你的"状态"而影响心情。你有发朋友圈的权利，我也有屏蔽它的自由。

2

在报社实习的时候，有一位同事，起初做的是采编。

第一次外出采访，像许多第一次做这件事的人一样，他手心冒汗，口齿不清，原本想好的流程全部被打乱。虽然受访者极力安慰，领导也并无苛责，他心里依然埋下了阴影，认为自己没有这个能力。

下次有了新任务，他打死也不去了。亲自跑到领导办公室，好一阵埋汰自己，内向啊，心理素质差啊，应变能力弱啊，影响报社形象啊，总之，"这岗位我胜任不了，请您给我换一个更合适的吧"。

说来也巧，新媒体中心缺人，想做采编的，大有人在。同事很顺利地被调到了新媒体中心，他开心，大家也跟着舒了一口气。为什么？因为听多了他的自我埋汰，连一些老员工接到访问的消息，都跟着怯场了。

晦气去除，普天同庆。

据说，这位同事去了新媒体中心，部门主任要求，每一位编辑都要对当天的文章标题进行修改。做自媒体的人都知道，一个好标题，才能保证一个好的点击量，有时，一个标题的重要性甚至远大于内容。

他又"不行"了。一次标题还没改过，抽空就在格子间自说自话："改标题这事儿我是真不行，向来不会做表面工夫，我宁愿少拿一点钱……"

纸包不住火，说多了，未免哪句就传到了主任耳朵里。不出一个月，他就被辞退了。

是啊，你自己都不相信自己，谁敢相信你？这儿不行，那儿不会，我们白白供着你吗？

您还是另寻明主吧。

3

中学时期，听过几场高考状元的讲座。

印象深刻的是，他们无一例外提到了一点，那就是，早晨起床后，什么也不做，先对着镜子笑一笑，向自己说句——你很棒！每天说一遍，坚持一年。

当时，场下许多同学都笑了，包括我。

听起来很幼稚，对不对？

多年后，偶然想起此事，突然了悟了其中的意义。

你不必每天对自己说一句"你很棒"，但你必须相信自己"我很棒"。这样积极的心理暗示，非常重要。它是一个人做任何事情的前提，甚至是存活于世的前提。相信自己可以做好该做的事，相信自己可以生活得很好，如此，生命才有其存在的价值。

相反，你自怨自艾，自己唾弃自己，病恹恹地过着每一天，践踏了自己的生命，浪费了粮食、空气和水源，还可能像瘟疫一样，传染给别人。最后的最后，所有人对你避而远之，而你，囚禁在自己亲手打造的牢笼里，长吁短叹。

这世上啊，谁都可以认为你不行，但是你不能；谁都可以看扁你，但是你不能；谁都可以把你当空气，但是，你不能。

每一个自怨自艾的人，都是在变相自杀。

别让你的人生毁在这个习惯上。停止自怨自艾，奋起自立自强。

你要允许自己失败，大不了从头再来

1

初三上学期，一堂英语课上，后排男生小左被老师叫到黑板前默写单词。

小左的英语成绩向来不错，大家都抱着仰视的态度看他走上前去。包括老师，之所以点他的名，大概也是为了给差生做个示范。不一会儿的工夫，小左写完了，走下讲台。老师欣慰地对着他笑了笑，拿起课本，开始核对。

过程中，教室里响起阵阵喝彩声，许多超纲的单词，小左都写对了。老师的教杆也敲得"哒哒"响，"同学们，学习就该有这种精神，什么超纲不超……"说到这里，他突然顿住了，大家也被这突如其来的寂静所震慑，下意识停止鼓掌，望向黑板。

是的，很遗憾，倒数第二个单词，小左写错了。

忘了是怎么收场的，总之，那堂课上得无比尴尬。

放学后，走读的同学回家了，寄宿生去了食堂。唯有小左，独自趴在课桌上抄写那一个单词，以近乎自虐的方式，整整抄写了两大本。

第二天，看着小左哭红的双眼，我们都被折服了。是啊，像这样的同学，如若不成才，还有谁能成才呢？

然而，此后，小左的英语成绩却每况愈下。整个人看上去病恹恹的，连带着别的成绩也越来越糟。中考前，小左已经是班级里的底子生了。

一朝被蛇咬，十年怕井绳。可怕的不是蛇，而是我们心中的恐惧。小小一个单词，就击垮了一个人，这漫长的人生，风风雨雨，又该如何度过呢？

2

前阵子，多年未见的朋友来北京旅行，我专程请了年假陪他。

来北京，自然少不了去故宫、长城等著名景点闲逛。景点人山人海，又占地广袤，身旁没有导游，手中没有地图，极容易迷路。不晓得这条路会通往哪里，那条路又将绕到何处去，又或者，打开这扇门，前面是不是一条死路？坦白讲，来北京工作一年多,我也是第一次出来游玩,所以,和朋友一样,一头雾水。

然而,不管怎样,我总要尽地主之谊。每到一处景点,都自告奋勇去带路,朋友跟着。于是,走错路的情况时有发生。想去一个亭子,绕了好远的路,才发现有近路可走;想去西北门,逛了大半个园子,到头来看到的却是正门。

次数多了,朋友未免有些不耐烦,见缝插针地和我打趣——"大哥,咱们这是在北京,还是南京?""我就说这条路不对嘛,应该走那条。""你是不是看我早饭吃太多,力气没处使?"

我都是一笑而过,不置可否,或者也跟着自嘲一下。

但心里想的却是——走错路怎么了?走错了,大不了从头再走。我们是旅行,不是徒步大赛,每一步都谨小慎微,不达目的誓不罢休,还有什么趣味?

要知道,景点是第一次来,你要允许自己走错。

3

前两年,有位远房亲戚,和别人合伙开了一间家具厂。

起初,薄利多销,广做宣传,生意相当红火。这位亲戚,在家人朋友面前,着实风光了一阵。十里八乡的人在路上见了,都左一个刘总右一个刘总的。"刘总"自己也不谦虚,一一微笑应答。

可不久，生意渐渐就不行了。地理位置欠佳，又一时找不到好位置，家具风格寡淡，无法满足不同年龄段的需求。一直靠薄利来营收，也吃不消。

不知不觉间，生产出来的家具，眼睁睁占满了两层楼，就连刘总的卧室都只放了一张床用来休息，走两步路，不是沙发就是桌椅，却无人问津。一天夜里，刘总去卫生间小解，不小心碰倒了一张梳妆台，顿时，鼻子沁出了血。据说，刘总顺势靠在梳妆台上，哭了许久。

第二天，刘总就撂了挑子，安安心心做起了农民，守着自己的一亩三分地。

与此同时，另外一个合伙人却坚持了下来，去县城，乃至省市的家具城观摩、研究、学习。生意渐渐复苏了，盈利了，厂址也从村头搬到了镇中心。

而今，王总在坊间成了一个传说。前些天，县电视台还采访他，让他讲述自己扭亏为盈的心路历程。

亲戚什么也没说。每次路过家具城，眼神里都写满了掩饰不住的落寞。

怪谁呢？只能怪自己。承受不了苦果，就没有资格享用成果。一次失败就吓破了胆，属于你的，便只能是暗淡无光的生活。

4

人的一生，有许多沟沟坎坎要跨，比起荣誉傍身的成功者，我更欣赏那些勇于接受失败的人。

接受失败是一种智慧，更是一种魄力。生而为人，我们都是第一次活，谁不是摸着石头过河？你要允许自己失败，大不了从头再来。

考试不及格，怕什么，找出盲点，查缺补漏，下一次认真备考即可。

面试未通过，怕什么，面试多的是，或许这次不适合你，也未可知。

创业血本无归，怕什么，一点一滴积累本钱，仔仔细细摸索经验，总有一天，你会东山再起，开拓自己的一片天。

经常收到年轻读者的私信，内容大多是，走在人生的十字路口，不知要选哪条路，迷惘、痛苦、无助。

与其迷惘、痛苦、无助，不如径直选择一条路，走错了，大不了重新来过。

这世上最可悲的，不是失败，而是一蹶不振。你那么年轻，为什么输不起？

人生没有太晚的开始,但你不妨早一点

1

昨晚有读者发来私信:为什么你说的价格,和实际价格不符?

我有些丈二和尚摸不着头脑,她紧接着又传了一张截图过来。看了一下,原来是我的书价格上涨了。"双十一"当天,我在微博发布了一条打折的消息,顺带附上了购书链接,现在打开那个链接,比当初贵了九块钱。

我说:"价格调整很正常呀,'双十一'一年只有一次,你不知道吗?"

她回复道:"好吧。"然后发了几个特委屈的表情。

我能够想见她的心情,甚至脑补出她的样子,瘫在椅子上,

一副黄花菜都凉了的幻灭感。

或许她还是中学生吧。零用钱紧张，什么都要算计着花。"双十一"还没凑足钱，而凑足钱的时候，"双十一"已经过去了。

很遗憾吧？可世上的许多事都是这样，时不我待。

抽屉里的饼干忘记吃了，想起来的时候，才发现已经过期了；图书馆借来的书忘记读了，想起来的时候，才发现学期已经结束了；喜欢的女孩一直没有追，终于鼓足勇气去追的时候，才发现她身边已经有了别人。

想做就去做，不要等来不及了再说后悔。

2

原计划周末和大陆一起去奥森公园玩，临了，他却走不开了。

为什么？因为老爷子——大陆的爸爸来北京了，他打算好好带着爸爸逛逛京城，爬爬长城，享受只属于两个人的"父子时光"。

大陆在电话上说："妈妈去世后，我想了很多。尤其是近来，常常做噩梦。梦见我和爸爸在老家的巷子里捉迷藏，我找啊找，找啊找，始终找不到。我喊爸爸，没人应，又喊一声爸爸，没人应，我急得蹲在地上大哭，然后就醒了。一个人望着沉沉的夜色，心里空落落的。

"我想，这是不是预示着什么？我妈活着的时候，一直想来北京转转，她活了60多岁，从来没走出过家门。眼看我毕业工作了，妹妹也嫁人了，刚好有了点儿空，她却被查出了尿毒症，晚期。躺床上半年，就走了。我妈操劳了一辈子，一想起她，我心里就难受。

"所以啊，我不想再留什么遗憾了，专门给我爸打了电话，让他来北京玩一周。刚好，我也可以请个年假，休息一下。"

我感到很欣慰。是的，虽然和大陆的计划泡汤了，但我说不出的开心。

我们一天天大了，父母一天天老了，互相陪伴的日子，越来越少了。中国人最讲究一个"孝"字，什么是"孝"呢？无非一起吃吃饭，一起聊聊天，一起在这个大千世界里走一走。

不要等，没有人知道下一秒会发生什么。

3

摩西奶奶出过一本书《人生永远没有太晚的开始》，激励了无数人。她76岁开始作画，80岁举办个展，100岁启发了渡边淳一。一生虽未接受过正规艺术训练，但对美的热爱使摩西奶奶爆发了惊人的创作力，共创作1600余幅作品，在全世界范围举办画展数十次。

摩西奶奶堪称大器晚成的典型代表。

是的，我承认，在我们的一生中，只要努力，任何时候都不算晚。但，何不早一点呢？何不趁大好时光仍在，闯一闯，拼一拼，把该实现的愿望都实现了呢？为什么非要等到暮年已至，精力不济，才想要开始？

人生不是电视剧，不负责感动谁。倘若摩西奶奶说句心里话，她一定希望自己更早一点作画，更早一点举办画展，更早一点享誉世界。如此，余生尚可做更多的事。

比起大器晚成，我更欣赏年轻有为。

张爱玲说，出名要趁早。其实，人这辈子，做什么都要趁早。

人生短短数十载，你早一点上路，就能领略更多的风景；早一点摔倒，就能早一点学会爬起来；早一点历经刻骨的悲伤，就能早一点体味丰盈的快乐。

更何况，有些事晚一点，就成了终生的遗憾。

人生没有太晚的开始，但你不妨早一点，再早一点。

你的问题恰恰在于不愿将就

1

念高中的时候,有一位同学在班级乃至年级里,成绩一直名列前茅。因为从小喜欢文学,高考时报了某985高校的汉语言文学专业。可惜的是,临场发挥失误,分数不甚理想,被调剂到了社会学。

他不能接受。阅读、写作、研究作家作品始终是自己的理想,而社会学相去甚远,于是,一鼓作气,毅然决然选择复读,再来一年。

遗憾的是,第二年还不如第一年,他落榜了。从山顶跌入谷底的感觉,让他几近崩溃。暑假结束,当大家领着通知书去大学报到的时候,心灰意冷的他彻底放弃学业,和亲戚外出打工了。

与此同时,理科班另外一位同学,和他一样,也被调剂到自己不喜欢的专业,地质学。但是,这位同学却背起行囊去读了,虽然心里有一丝疑虑。

在读期间,出人意料的是,他渐渐喜欢上了自己的专业。虽然地质工作辛苦,经常在荒野做调研,但其中的成就感,也是许多专业无可比拟的。

后来,因为成绩好,他被保送了社科院的研究生,再后来,他又考取了美国的博士。

其实,世上许多事莫不如此。我们口口声声不愿将就,或许只是一叶障目,看不清事情的真相罢了,仅凭第一印象便做判断,一定会错失许多机缘。

2

大学毕业那年,根据自己的兴趣,我去了一家出版社工作,编辑岗位,每天大部分时间,都在阅读和改稿中度过,安静、怡然。泡一杯茶,和着清雅的书香,那种感觉,莫不快哉!

我常常在心里感叹,所谓理想的生活,不过如此吧。

然而,两个多月后,由于一系列原因,社里不再提供住宿。微薄的薪水无法维持基本生活,迫不得已,我只好另寻单位。

彼时已近八月份，身边同学陆续安定下来，许多单位都不再招聘。吃了几次闭门羹以后，我终于找到一家证券相关的公司。没有了选择的余地，再不工作就会饿死街头，我只好硬着头皮，按部就班地开始上班。

三个月过后，顺利转正，与此同时，我惊讶地发现，自己竟然适应了这份工作，甚至开始有点儿喜欢起来。

相较于从前的编辑工作，它更清闲，几乎没有加班加点的情况，八小时工作结束后，就可以完完全全做自己的事。由此，我刚好可以捡起一直以来喜欢的文学，专心阅读、写作。而同时，证券于我来说，又是一门全新的领域，从中可以获取不少知识。

转眼，一年零四个月过去了，可以说，我已经离不开这家单位了。

生活中，多少看起来南辕北辙的事，日后想起来，才发现顺理成章；多少硬着头皮的将就，真正去做了，却有了意想不到的收获。

3

最近，有读者问我情感问题：喜欢的人不出现，出现的人不喜欢，到最后，我们多数人是不是都要找一个人将就？

我回答她："是不是喜欢一个人，这样的喜欢是不是将就，都要相处一段时间再说，原本不喜欢的，处着处着，兴许就喜欢了呢。"

在爱情里，我们总喜欢为理想的另一半设定标准，身高、体重、学历，诸如此类，以此来判断他是不是自己要寻找的那个人。可是，这样的标准真的有效吗？未必。

你不喜欢他的外貌，相处久了，也许你会喜欢上他的幽默；你总嫌弃他矮，相处久了，也许你会被他的才华所折服；你生平讨厌胖子，相处久了，也许你会觉得他胖嘟嘟的，挺可爱。

爱情，和许多事情一样，都要有一个试探、摸索、逐步展开的过程。一个人适不适合谈恋爱，谈一下就知道了，而不是瞥了一眼便说，我不愿将就。

这世上啊，任何一个人都不可能满足你所有的想象。你不愿将就，往往就意味着，你无法拥有爱情。

你看街上来来往往的人，哪一对在你眼里天造地设？他们还不是一样牵着手，从明眸皓齿走到白发苍苍。

4

不知何时，有意无意地，许多年轻人开始把"不愿将就"挂在口头上，听起来很酷。

可是，世上从来就没有理想的生活，每个人都在不同程度地将就着。

你以为考取了一所理想的学校,毕了业就可以顺利签约"500强",到头来,还不是天天跑摩肩接踵的人才市场,简历递了一张又一张。

你以为找到了一份理想的工作,插科打诨,朝九晚五,不承想,加班到深夜十二点,一早起来还要面临被老板训斥的危险。

你以为遇见了一份理想的爱情,执子之手,与子偕老,谁料到,柴米油盐的日子里,一言不合,两个人经常闹得鸡飞狗跳。

唯有将就,日复一日,和一地鸡毛的岁月磨合,直到蜕下一层叫作"成长"的皮,方可宠辱不惊,坐看云起。

愿意将就,才能从逼仄的生活中找到出口,一步步,降妖除魔,打怪升级,开拓出属于自己的新天地。

你呀你,早不是那个咿呀学语的小孩子了,只要哭哭鼻子,全世界的糖果都会送过来。你不愿将就,就只能被生活将就,前无去路,后有追兵,到最后,一片立锥之地也没有。

你永远也配不上那个不爱你的人

1

恋爱中有许多幼稚的想法,其中一种是,如果我变牛了,现在不喜欢我的人,就会和我在一起了。

当真是,意得一手好淫。

如果爱情单靠努力奋斗就能争取的话,这世上就不会有那么多黄金剩男、黄金剩女了。想当年,张爱玲何其有才,在文坛叱咤风云,低到尘埃里去爱,还不是得不到胡兰成的心?就是这么一位响当当的人物,在感情里依然做了别人的备胎。

昨天就有一位读者给我留言,说自己如何喜欢一个男生,那个男生怎样不喜欢她,对她的明示暗示都装聋作哑。说到后来,她特别气愤,总结了一句"等我考上北大,他一定会后悔的"(末尾加了三个感叹号)。

我没有回复,毕竟,有志于考北大是件好事,不能打击她。但在这里我还是想说:"妹子,如果单纯为了气他而考北大,后悔的不是他,而是你啊。"

一个人不爱你,就是不爱你,和你优不优秀,牛不牛,没有半毛钱关系。这是爱情最残酷的地方,也是它最迷人的地方。你可以努力变好,但别为了任何人,只为你自己。

2

我也曾傻傻地喜欢过一个人,等过一个人,直到今天,也不能说完全放下了。

读书的时候,我铆足了劲儿,穷尽一切方法让她注意我。

她常常穿一件浅灰色外套,于是,我也从网上买了一件一模一样的,天天穿出去在她眼前晃。

她喜欢金庸的小说,尤其《神雕侠侣》,于是,我从网上买了一套寄给她,用她自己的地址和姓名,故意让她猜。

但凡有表格需要签字,我都找她去冒充老师或家长,她每次都会羞赧地说:"哎呀,我的字不好看。"我嘿嘿一笑,心想,好不好看重要吗?

因为优秀毕业生可以在晚会上演讲,我使出了吃奶的力气,拿到了"省优秀毕业生",拿到了国家奖学金。我省吃俭用买了一套西装,理了新发型,就为了让她在观众席上看我一眼。

就像一粒石子丢进茫茫大海里,声息全无。很快,我们毕业了。她回老家,考了一名公务员,我来北京,寻了一份编辑的工作。

班级群里很久没人说话了,我们之间,连一句嘘寒问暖的客套话也不说了。可是,我的心还没死啊,有多少夜不能寐的时刻,我感受着它的跳动,专属于一个人的跳动。

后来,我开始写作,穷尽一切业余时间写啊写,终于,出了一本书。我暗想着,当这本书出现在她老家的书店里,又刚好被她发现了,她会不会联络我,至少,也该在心里嘀咕一句,哟,这小子,还挺牛的嘛。

没有,全没有。我无数次偷偷跑去看她的微博、人人网、贴吧,甚至全民K歌,她如常地生活着,似乎,我从未在她的生命里出现过。

有一天,午夜梦回,我终于明白,虽然她常常出现在我的梦里,我的心里,可是,在她的心里,我已经死了。

不爱你就是不爱你,没有商量的余地。你永远也配不上,那个不爱你的人。

3

一定会有人说,你不能太绝对,总有例外的情况吧。这世上什么事没有啊,当然有。不需要举例,我就知道有。

可是,等你变优秀了,那个人才回到你身边,你还愿意和他在一起吗?你灰头土脸的时候,他不理你,你光芒万丈的时候,他来拥抱你,你说,他喜欢的是你,还是你发出的光芒?分得清吗?

《银河护卫队2》里,德拉克斯对螳螂女说,丑也有丑的好处,起码知道,谁是真心喜欢你。

虽是一句玩笑话,但不无道理。你变漂亮了,他喜欢的也许只是你的脸,而不是你这个人。

所有试图以荣耀傍身来换取恋情的人,都长了一颗猪脑子。

当然,还会有人说,我成功了,飞黄腾达了,不是为了和他在一起,而是为了气他,让他后悔。

呵呵,他不爱你,何来的气?为什么后悔?他不爱你,你做任何事,他心里都不会泛起涟漪。

许多偶像剧中,经常会出现这种情节。女生被男生甩了,后来,谈了一个比他优秀的男生,于是就拉着这个男生去前男友那儿显摆。大多数电视剧都会这样往下发展——前男友很尴尬,觉得被羞辱。

要知道，电视剧只是电视剧，编剧设置某些桥段，不是为了真实，只是为了让观众解气，所谓的"大快人心"。"卧槽，真好，渣男，后悔了吧""哈哈，谁让你当初不珍惜……"

如果你信了，那就太傻了。

是的，他不爱你，你就配不上他。这是一条铁律。

4

1992年的《家有喜事》，是我很喜欢的一部电影。但是，电影中传达的一个价值观，我并不喜欢。

吴君如饰演的妻子素面朝天，不修边幅，于是，黄百鸣所饰演的丈夫出轨了。两个人离婚后，吴君如学会了化妆，也有了品位，然后，黄百鸣就回到了她身边，两个人和好如初。

事实上，爱情根本就不是这样的。素面朝天的时候，不喜欢你的人，光芒万丈的时候，也不会喜欢你。真心喜欢你的人，不在乎你是素面朝天，还是光芒万丈。

你可以说，等我攒够两万块，就去买个LV的包，但你不可以说，等我牛了，就能得到一个人。很抱歉，他是人，不是物品。

爱，只是一种感觉。我爱你，就是爱你，不爱你，就是不爱你。

你永远也配不上那个不爱你的人，与其苦苦纠缠，死不放手，不如放过他，也放过自己，去爱一个爱你的人。

不怕你懒，就怕你把懒当时尚

近年来，"懒癌晚期"似乎成了一个特时髦的词儿，频频出现于微博、微信、QQ空间。"一天从中午开始，早饭从午饭开始，哎，懒癌晚期，也是木办法。""堆了两周的袜子还没洗，想找双干净的都木有，懒癌晚期，你有药吗？""明天就要考试了，今天晚上抱个佛脚，懒癌晚期，怪我咯？"诸如此类，不一而足。一时间，似乎所有人都觉得这个词"萌萌哒"，自己不拿来用一下，就赶不上这个时代，OUT了。

倘若就只是用一用，也无妨，怕就怕你身体力行，真是一"懒癌晚期"。这不，昨天中午给我表弟打电话，询问他工作的事儿——大学即将毕业，也不知道工作找得怎么样了，你猜怎么着？嗯，人家还睡着呢。我这边午饭都吃过了，人家还躺在床上大梦正酣。

"你烦不烦啊,哥,我好容易放个寒假,能不能让人睡会儿?"声音里满满的不耐烦。

"你看看表,都几点了。"我顿了顿,"那个,你工作找得怎么样了?"

"还没头绪。网上说今年是就业最难的一年,反正难的不是我一个,船到桥头自然直。"

"你倒是挺会安慰自己。什么叫没头绪?你到底有没有找?投过简历没?"

"没,我一没得过奖学金,二不是学生干部,简历有什么好写的。"

"那你更要好好写了。仔细想想自己有什么特长,参加过哪些社会实践。"

"好好好,停两天我一定写,你再让我睡会儿,挂了啊。"

不敢说每个90后都像我弟这样,但起码代表了一部分。这部分年轻人喜欢懒,享受懒,甚至把懒当作年轻人的标签,以此和老年人划清界限。在他们的意识里,早睡早起是老年人的生活习惯,你夜都不敢熬,床都不敢赖,好意思说自己是年轻人吗?微博上不是经常流行这样的段子吗——晚起毁上午,早起毁一天,再配上萌萌哒的图片,要多形象有多形象。多少年轻人纷纷在下面留言,热络地表达着自己的认同感,似乎一下子找到了组织。

说起来，微博还真是负能量的集散地。前段时间，一组名为"不到最后一刻绝不复习"的图文同样引起过不小的关注。像什么"只要胆子大，天天寒暑假""人有多大胆，复习拖多晚""努力不一定成功，但不努力一定很轻松"，诸如此类的句子配以"红色年代"的图片，看上去实在令人忍俊不禁。但是，就在大家以此为乐的时候，你们有没有想过，其实有不少年轻人是认同的，有不少年轻人真把考试当儿戏，拖到最后一刻才复习，甚至拖到最后一刻也不复习。对他们而言，"裸考"，甚至是一种很酷的标志——"老子这次裸考。""裸考？好屌啊你！"

其实，不少80后上班族也是很懒，下意识里以懒为荣也说不定。看看身边那些整天说跑步说锻炼身体的人，是不是经常这样给自己洗脑，给自己找理由——平时上班忙，没时间；好容易到了周末，不是应该休息吗？那些整天说要读书要充电，以此来升职加薪的人，一本本的专业书买过来，有多少人第一时间认认真真去看了？还不是要排在看电影后面，排在逛街后面，甚至排在吃一餐美食后面？此时，倘若你骂她一句懒猪，人家兴许还会觉得很可爱呢。

许多治愈类书籍里，经常会向读者传达这么一种理念——人生不是一场比赛，你犯不着跑那么快，或者，不要因为急着赶路，而遗失了沿途的风景，又或者，人生，重要的是过程，不是结果。知道吗？那些都是说给失败者听的，是一种安慰，仅此而已。人生怎么可能不是一场比赛呢？人生就是一场比赛，优胜劣汰的比赛。为什么阿里巴巴的创始人是马云而不是你？为什么创办了苹果公司的是乔布斯而不是你？为什么一提华语天后大家想到的是王菲而不是你？很简单，他们都是人生这场比赛的优胜者，早早地跑到了前面，而你还在踩着自己的影子诗意漫步。

我曾有一段灰暗的岁月，始终不愿向人提起。那就是，我复读了三年，是的，整整三年，我在高考失利的阴影里摸爬滚打了三年。那三年里，有过多少次，我几乎以为自己就要死掉了。而今回头看，为什么是我复读了三年，而不是别人，不是那些当年就考取大学的同学们？不是因为山东分数线高，不是因为山东阅卷严，一句话，只是因为我太懒。那些本该勤奋学习的岁月，大家起早贪黑埋在习题集里的日子，我在做些什么呢？——看韩寒的小说，听朴树的歌，写一些伤春悲秋故弄玄虚的文字。最致命的是，不仅不承认懒，还说别人是学霸，唯有自己是文艺青年。

是的，不怕你懒，懒可以改，可以一点点变勤快，怕就怕你把懒当时尚，不以为耻，反以为荣。人生人生，人的一生，你为什么活得像个雕塑，以为一动不动就可以赢得掌声？

归根结底，生命是自己的，你只能对自己负责，纵使再亲近的人，也无计可施。谁都知道懒散很舒服，混吃等死很舒服，年轻的时候，你大可以去懒，大可以随着性子舒服，年老的时候，当大家都捧着一杯清茶晒太阳，或者在绿荫地里打麻将，或许，你还在为自己的一日三餐而忙碌，过着吃了上顿没下顿的生活。

时光终会给你一记响亮的耳光。

无路可走之时，才有可走之路

1

刚才考研成绩出来了，橘子第一时间给我打来了电话。作为她唯一的男闺密，一遇上什么事，她总找我出谋划策。

果然被我猜中了。橘子落榜了，而她的男朋友却过了，且分数高得离谱，复试的话，只要面试老师跟他没仇，也可以高枕无忧了。

这下，橘子犯愁了。她大学听从父母的安排读了会计，一点儿也不喜欢，苦兮兮地读了四年，原想着通过考研来个咸鱼翻身，追随自己的新闻事业而去，结果，不仅事业没追上，还可能面临跟男朋友分离的命运。

橘子说自己活了二十三年，第一次有了无路可走的感觉。

如若放弃"二战",跟随男朋友去往他学校所在的城市工作,势必愧对自己多年的理想,而继续备考"二战",接下来至少将有一年的时间和男朋友分居两地,退一步讲,即便去男朋友所在的城市备考,两人所处的环境也不同了,身份也变了,她生怕有一天彼此从"无话不谈"走向"无话可谈"。

听了橘子的话,我不禁哑然失笑。前面明明摆着一条路,她非要说无路可走。

我问橘子:"想不想实现梦想?"

橘子说:"当然。"

我接着问橘子,想不想和男朋友天天在一起?

橘子说,当然。

我说:"那不就结了。和男朋友一起去那个城市,他读研,你考研啊。"

和从前一样,橘子又一次"醍醐灌顶"了,千恩万谢着挂了电话,跟她男朋友鬼混去了。

是的,在橘子的人生里,我也只能扮演扮演军师而已。我一面替自己叫苦,一面想,有多少年轻人像橘子一样,自以为走到了人生绝境,看不到前面的路呢?有多少人纠结于"无路可走"而痛苦不堪呢?

其实,说到底,除了生死,这世上根本没有无路可走这回事。

大多人眼中的无路可走，不过是患了选择恐惧症，又或者说，是一种迷茫，人生走到了十字路口，不知该往哪里去。

如果真的无路可走，你不会纠结，不会迷茫，只会硬着头皮闯出一条路。无路可走并不可怕，恰恰相反，无路可走之时，才有可走之路。

2

我小的时候寄住在外婆家，经常听外婆讲她小时候的甘苦。

外婆七八岁就没了娘，爹呢，又是一个酒鬼，平时稍不留神，就会遭受一顿打骂。那年月，农村的女孩子忌讳抛头露面，空守闺阁是一种不成文的传统。外婆说，她最记得有一次自己在大门口做针线，做着做着，被爹发现了，他立时踢翻了面前的针线筐，并当场扇了她两耳光。

在家中，外婆排行老二，上头有一个姐姐，下面有一弟一妹。她从小就要帮忙照看姐姐的孩子，也就是自己的外甥，说是外甥，其实也就比她小8岁。旧时农村，最大的特点是什么？穷啊，要吃没吃，要喝没喝。姐姐已经嫁人，爹成天醉醺醺地在外面晃，小小年纪，外婆就成了家中的顶梁柱，每天睁开眼睛，就要为一家人的吃喝伤透脑筋。

都吃过什么呢？最艰苦的日子里，野菜都是稀罕物，树皮和草根乃家常便饭。外婆说，有时连树皮和草根都吃不到，整个人饿得头昏脑涨，走起路来摇摇晃晃。想到过死吗？死？哪有力气去死。

外婆嫁给外公后，同样有过一段吃了上顿没下顿的生活，以至走到逃荒要饭的地步。就是在一次逃荒要饭的途中，外婆生下了我妈妈。外婆说，那是一个没有月亮的晚上，她正和外公赶着路，猝然感觉腹中胀痛，不一会儿，就在附近麦垛旁仓促生产了。

这个场景，外婆说过许多次，每每提及，都会禁不住湿了眼眶。但外婆的神情是欣慰的，是愉悦的，她说，有多少次，觉得日子再也熬不下去了，但咬咬牙，又看到了明天的太阳。

转眼，外婆去世已经9年了，9年间，每每遇上过不去的坎儿，我总会想起她。印象中，她是一个瘦弱、矮小的老太太，和世间任何一个历尽贫苦的老太太一样，被岁月摧折了腰，拄着拐棍，一个人在乡间的小路上踽踽独行。但不知为何，一想起她矍铄的眼神，总能带给我无穷的力量。

3

我有一个表姐，刚结婚没几年，20多岁时就死了丈夫。在一次交通事故中，表姐夫当场被撞死，连人带摩飞出去好远，一时间,脑袋都开了花。当时,表姐已生育两个儿子,大的三四岁,小的刚学会走路,正是需要人照顾的时候。

一个人的日子毕竟太苦了,亲戚们都劝表姐早日改嫁,也有媒人前来提亲,表姐都一一婉拒了。一来,表姐深爱着表姐夫,正是伤心难过之际,怎能说改嫁就改嫁,在一个完全陌生的、毫无感情的男人面前强颜欢笑?二来,孩子实在太小了,表姐唯恐嫁过去,换一个爸爸,他们受委屈。

就这样,日子一天天往下过,弹指间,表姐50多岁了,两个儿子也相继成了家,去年夏天,大儿子又有了儿子,表姐做奶奶了。是的,表姐一直未嫁,寡居多年。近三十年里,表姐既当妈又当爹,风里来雨里去,靠摆摊卖衣服维持生计,不过50多岁,看上去,眉眼间却有了老太太的沧桑。

过年走亲戚,唠起嗑来,表姐还会给我妈说她年轻时候的事儿。啥事儿呢?当然是关于她和表姐夫的。说是有一年新婚不久,他们去逛供销社(那时候只有供销社,没有超市,更没有商场),一走过去,就有人在背后说,你看人家小两口,那穿着,那长相,一看就是城里人。

曾经的一对璧人,而今死的死了,老的老了,回忆有多甜,就有多凄凉。我无意赞颂表姐对爱情的坚贞,无论生在哪个时代,守寡都不是一件光荣的事。我只想说,在表姐渐渐老去的背影里,有一种东西永远都不会老去,它一直在那里,永远都在。

有很多次,我都想问表姐,有没有过不下去的时候,而一旦站在她面前,我就觉得什么都不用问了。昨天,表姐和儿子一道去北京了,平日里,儿子儿媳要工作,她帮忙照看孩子。

临走的时候,表姐还不忘对我说:"弟啊,赶紧找个女朋友,谁也不为,就为了你自己,为了生活。"

这是过年期间,令我最感舒适的一次催婚。

看着表姐渐渐模糊的笑容,一瞬间,我觉得这世上所有的磨难都消弭了。

4

在我近三十年的生命里,第一次有走投无路的感觉,还是在高考失利的那几年。

到底有多走投无路呢?即便现在,研究生毕业了,工作半年多了,依然会常常做梦,梦见自己又回到了高三的教室里,坐在挤挤挨挨的位子上,听老师讲那些复杂的数学题目,身旁都是为高考积极备战的同学们。课往往听了没几句,我就惊醒过来,一身冷汗,仿若做了一场噩梦。一旦梦醒,就不敢睡了,眼睁睁等待天亮,生怕再次掉进同一场梦,再也回不来了。

2003年,我第一次高考,分数只够读一个专科,我没去,决定复读。

2004年，我第二次高考，分数高出二本线二十多分，由于未服从调剂，一志愿未录上，同本科擦肩，我再次决定复读。

2005年，我第三次高考，心情大受影响，发挥失常，勉强去重庆读了一个专科，入校一个多月，实在读不下去，退学回家，继续复读。

2006年，我第四次高考，再次失利，毅然决然选择了自学考试。

2006年9月至2011年6月，经过近五年的学习，我通过了英语专业的全部课程，顺利拿到毕业证书。

2011年7月至2011年12月，我一个人在家复习考研，未参加任何形式的辅导班。2012年初，我陆续通过了研究生初试和面试，终于在六月底领到了风尘仆仆赶来的录取通知书。

我不想赘述其中的艰辛，那些难言的酸涩和痛楚，每讲一次，就如同硬生生揭开一道原本已经结痂的伤口。

我不想说那些复读的日子里，在新生的窃笑和白眼中，整天活得人不人鬼不鬼。

我不想说自学考试的那几年，每次去自习室温书，都会下意识遮住课本，生怕被统招生拆穿自己的身份。

我不想说那些年我活得还不如一条狗，只要一回家，就躲在屋子里不出来，不为别的，只是因为没脸见人。

我清楚地记得那一年又落榜了，我骑着单车载着行李，匆匆赶去复读的路上，碰到了巷口的王叔，他说，你今年又没考上啊？我说，是的。他哈哈哈哈笑弯了腰。

我永远也忘不了有一年中秋节，我以前的老同桌，当时已经读大二了，千里迢迢赶来看我，从随身的背包里掏出一盒月饼，看着他温暖的笑容，我一瞬间哭成了傻X。

后来，我之所以披荆斩棘，杀出一条血路，不是因为我有多牛，我从来不是生活的勇者，只是无路可走，不得不走，不得不闯出一条路来。对于当年的我来说，不考上研究生就是死路一条，我不想死，仅此而已。

而正是这种无路可走的绝境，激发了我的潜能，重燃了我的斗志，才开辟出一条可走之路。

5

在我们长长的一生里，或多或少，每个人都会面临人生的低潮，每个人都有无路可走的时候，不要困惑，无须迷惘，径直走下去，你一定会有所收获。阴霾终会散去，阳光必将到来。

更为重要的一点是，你每一次的无路可走，或许都是上天的一次馈赠，让你挖掘自己更多的可能性，从而丰富你的人生。

就像亦舒在一篇文章中写的那样：为生活，前无去路，后有追兵，才不得不沉肘落膊，忍辱负重地背起工作担子，工多艺熟，日后自有长进。

是的，亲爱的朋友，不要为无路可走而痛苦，无路可走之时，才有可走之路。

Part5
年轻人,你为什么总是不快乐?

人生的关键在于快乐。
千万不要一心追寻远方的成功,
而看不到身边的小确幸。

年轻人，你为什么总是不快乐？

1

自从在网上写作以来，微博私信和微信公众号后台，几乎成了负能量的集散地。每个人似乎都不快乐。而且这里的"每个人"，大都是90后乃至00后的年轻人。本该是朝气蓬勃的年纪，却整日一副郁郁寡欢、愁云惨淡的样子。

有人说，几乎每天都能听到父母吵架，叫骂声、摔碗声，甚至两个人扭打在一起的声音。好多次站出来劝解，要么和好，要么赶紧离婚，可情况一点儿没有改善，他们继续吵他们的。我一个人躲在房间里，塞着耳机流眼泪。

有人说，恶补了三个月数学，整整三个月啊，依然未见丝毫起色，这次期中考又考砸了，早知如此，我做什么不好呢？

一想起在补习班上花掉的钱,都是父母的血汗,就抑制不住地难过。

有人说,如今,想找一份工作真难啊,哪里都要工作经验,像我这种没有经验的,应该怎么办?整日待在家里不是办法,出去吧,碰上街坊邻居,又怕被人笑话。

甚至还有人说,好累啊,不想活了。

他们中间,一些人想征询意见,而另一些人单纯就是聊聊天。

2

当然,我是能够感同身受的。

因为我也常常不快乐。

最近搬了新家,房租涨了800块,工资一分没涨,只好搬到便宜一点的地方。而就在搬家的途中,酱油洒了一路,等自己发现的时候,几双鞋子都被浸湿了。为什么要带酱油?还能为什么?用了没多久,不舍得扔呗。

之后几天,房间里充斥的都是酱油的味道。每双鞋子至少刷了三遍,依然残留着酱油的污渍,斑斑点点的,怎么看怎么讽刺。

因为住不起带阳台的房子,只好网购了一个晾衣架(放在房间里晾,不是晒),不知哪个环节出了问题,足足四五天才到。

四五天,三身衣服轮流着穿,那种窘迫,可想而知(别笑,憋回去)。

好容易安顿下来,晾衣架到了,洗了衣服,也找到了一家既便宜又好吃的饭馆。今早家里又停电了。而这周单位刚好安排我在家值班,七点就要打开电脑工作。因为这房子是第一次出租,几位室友也是第一次住,所以,没有人知道怎么充电。联系物业,物业说不在那里充;联系中介,中介说刷一下电卡上的二维码,用支付宝充就行了,可是,刷完,又提示需要客户号,中介也不知道客户号是什么……总之,好一通忙,也没充上。不管怎样,工作是不能耽误,家里不行,只好去单位。我于是匆匆洗把脸,牙也没刷,就去赶地铁了。

讲真,在挤死人不偿命的地铁上,我鼻子酸酸的。

为什么要来北京呢?同样的薪水,在家里工作的话,不知舒服多少倍。北京,既没有我爱的人,也没有爱我的人,同时,也没有离开它就实现不了的梦想。可是,一时半会又不能说走就走。

真是越想越不快乐。

3

说到底,我们不快乐,无非这几个原因。

第一,可以改变的,改变不了,不可改变的,接受不了。

听上去矛盾又可笑，其实，生活中这样的人不少。

明明再勤奋一点，再努力一点，就可以过上更好的生活，但就是懒，不想动，不想做，又羡慕那些过着更好生活的人；明明自己不够聪明，不够有才华，心里清楚自己不是吃这碗饭的人，但就是霸王硬上弓，不撞南墙不回头。

如此，怎么可能快乐得起来？

第二，一心追寻远方的成功，看不到身边的小确幸。

这是许多都市年轻人的通病，尤其是那些毕了业去大城市工作的年轻人。

强大的经济压力下，大家眼里似乎都只剩下了赚钱、赚钱，以及赚钱。通宵达旦地工作，拼死拼活地创业，把买车买房当成生活的目标，把升职加薪作为成功的标志。

当然，这无可厚非。像我们这种刚刚踏入社会的年轻人，不赚钱，怎么活下去？

只是啊，千万不要一心追寻远方的成功，而看不到身边的小确幸。

如果你不懂得感受一阵风的清凉、一朵花的馨香，如果你匆匆走过大街小巷，唱片店里传来怎样的乐声，都无法令你驻足，如果你连看一场电影都觉得浪费时间，买一本书都觉得花钱，如果看到一个孩子，你想到的不是天真、纯洁，而是吵闹……

那么，你真的很难快乐起来。

第三，拥有的，不珍惜，失去的，难忘怀。

不得不承认，人啊，有时候就是贱。

得不到的，都是好的，一旦得到了，很容易视若无睹。特别是得到了又失去的，最难忘怀。

一个故人，一件旧物，都是我们不快乐的原因。

想要快乐，就要有杀伐决断的勇气。我拥有的，都是好的，我失去的，本来就不该拥有，任它失去。

对过往无情，才能对自己有情。

第四，在攀比中度日。

你有没有这种感觉，做一件事，总觉得别人比自己做得好？总觉得别人身上都是闪光点，而自己一无是处？于是，你挫败感连连，别人的光芒照亮的都是你的阴影。

人是社会动物，谁都有攀比心，这不可避免。

只是啊，攀比的姿势你万不可跑偏。

在这世上，每个人都应该和昨天的自己比，而不是和身边的他人比。只要你在一天天成为更好的自己，就足够了。

其他的，爱谁谁，拿了金牌也和你没半毛钱关系。

4

人活一世，到底是为了什么呢？

为名，为利？或许吧，名利能让我们活得光鲜亮丽。

为爱情？或许吧，爱情能让我们不再孤独，"我们拥抱着就能取暖，我们依偎着就能生存"。

为事业？或许吧，事业能带给我们无上的成就感。

但根本上，我们还是为了快乐。如果名利的获得不能令你快乐，掏心掏肺爱一场，只落得遍体鳞伤，登上事业的巅峰，却平添了一腔不为人知的落寞，那又何必？自己给自己添堵吗？

每个人都有一段悲伤，所以你才要学会快乐。

这一生，什么都是假的，是虚渺的，唯有快乐才是真的，是实在的。生命的尽头，一切都将成空，而唯有那些快乐的片段、美好的记忆，才让我们回望来时路时，感到不枉此生。

我向来觉得，对一个人最好的祝福，就是天天快乐。天天快乐不是指运气，不是指机遇，天天遇见快乐的事、快乐的人，而是指你要学会快乐，掌控自己的情绪，以最饱满的姿态迎接每一次日升月落。

是的，学会快乐是一种能力，这种能力，希望你能有。

你心里是不是也住着一个不可能的人？

1

念大学那几年，每逢暑假，都会帮钟哥做一段时间的翻译。

钟哥40岁出头，便开了人发加工厂，常年和外国客户维持着生意往来。妻子贤惠美丽，孩子天真可爱，近几年，又陆续买了车，置了房。在同龄人眼中，算得上有头有脸的人物。

能帮上他的忙，我自己也觉得与有荣焉。

客户第一次住我们这里的酒店，唯恐服务生照顾不周，当天，我和钟哥也相陪着住了进来。

夜里，一面看电视，一面扯闲天。不知何时，扯着扯着，钟哥就将话题扯到了恋爱上。是的，钟哥自顾自谈起了初恋。

当年，钟哥是学渣，喜欢的姑娘是学霸，两人恋爱不久，就被班主任发现了。而班主任，恰恰是姑娘的父亲。那年月，初三就谈恋爱，简直是犯罪，钟哥被记了大过，姑娘也因感情受挫影响了学习，中考落榜，又复读了一年。

这一年，钟哥辍学了，在县城打零工。距离越遥远，思念越强烈。新年的最后一晚，钟哥跑到学校来，隔着窗子轻唤姑娘的名字。姑娘下意识抬起头，望着钟哥微笑的脸，她也笑了，笑着笑着，趴在桌子上痛哭失声。

然后，就是许多年过去了。钟哥娶妻生子，做起了大生意。姑娘大学毕业，在市区安了家。彼此，相忘于江湖。

所有的记忆都消失了。钟哥依然记得那晚，月光下，姑娘趴在桌子上哭泣的样子。

钟哥说："并非想回到过去，只是啊，不由得常常惦记。"

2

去年冬天，从北京回老家，时间仓促，没来得及跟家里说。到了家门口，才发现大门紧闭。隔壁芸姨说，我的家人都去县城赶集了。

于是，我一边等，一边和芸姨唠嗑。

芸姨说："有对象了吗？啥时候领来让我们瞧瞧。"

我羞赧地摆了摆手，反问她："你们那会儿是不是都相亲，自由恋爱特别少？"

芸姨笑笑说："当然咯，那时候懂什么，都是听父母的。"顿了顿，她继续道："别说自由恋爱，和你龙叔相亲那天，我都不敢看他的脸。"

我说："那……你们是不是连喜欢一个人是什么感觉都不知道？"

喜欢一个人什么感觉？芸姨禁不住有些神往，不自觉地打开了话匣子。

"说起来，我是喜欢过这么一个人的。

"那年我不过十五岁吧。一天下午，去五里地以外的村子打面（把小麦磨成面粉）。打面的人真多啊，等啊等，等啊等，终于打好了。正当我抬起面粉袋打算往车上装时，一个男孩子跑过来，非要帮我抬。我说不用，他说没关系，我说不用，他说没关系，推推搡搡间，我就脸红了。

"哎，那时候就是胆子小，害怕。

"我记不得他长什么样子了，可那个样子，每每想起来，都近在眼前。"

那一刻，50多岁的芸姨似乎又回到了15岁，一遍又一遍地擦拭着自己的记忆。我不忍心打断她。

3

张爱玲有篇散文《爱》，讲述的就是这般美丽的错过。

一个女孩在情窦初开的年纪，遇上了一个男孩。对方只问了她一句"噢，你也在这里吗？"她便记了一辈子。

"经过无数的惊险的风波，老了的时候她还记得从前那一回事，常常说起，在那春天的晚上，在后门口的桃树下，那年轻人。"

你心里是不是也住着一个不可能的人？

听说你还忘不了他？

是的，经常收到这样的读者来信——究竟应该如何忘掉一个人？

为什么要忘掉？痛苦？痛苦才证明你爱过。

爱，从来都不是一件洒脱的事。只要是爱，就一定会有痛苦，有不甘，有怀缅。一旦错过，就抽身而退，分得清清楚楚，断得干干净净，"不带走一片云彩"，算什么呢？

一如王菲在歌里唱的那样：我们要互相亏欠，我们要藕断丝连。

忘不了一个人，就把他放在心底。正是那些"不可能的人"，让我们尝到了爱情的另一番滋味，丰富了我们的生命体验。正是那些"不可能的人"，让我们学会了爱，让爱这回事，成为一种可能。

迟早有一天,你会明白,所有的伤口,都会在时光的流逝中结痂。而每一次回忆,脑海中泛起的,都是温柔的涟漪。

所有让你要死要活的爱，都不是真爱

1

老家有一位亲戚，十六七岁的年纪，与一名异地男子私奔了。

算来，已是三十多年前的旧事了。

那时，女孩子在县城纺织厂打工，而男子是食堂负责打菜的师傅。据称，女孩第一次去食堂吃饭，两个人就互相看上了，青春年少，情窦初开，爱情总是来得那么猝不及防。不知第几次相遇后，男子要回家了，父母给他安排了新工作。女孩誓要追随而去，又怕父母不同意。于是，两人一合计，就筹划起了私奔。

一天清晨，女孩谎称去县城赶集，借了邻居一辆自行车，骑上车子就火速赶往车站与男子会合。

女孩父母知道真相的时候,已经是中午了,两人的"爱情火车"不知开出了多远。但雷霆震怒的父亲,依然让几个儿子怀揣刀具拼命去追,并放言,一旦追上,即刻杀掉,追不上,以后也不会再认这个女儿了。那年月,私奔在农村可是天大的丑闻,父母可能一辈子都抬不起头来。

结果,自然没有追上。女孩和男孩,有情人终成眷属。

一晃许多年就过去了。女孩再回老家,已是40多岁的中年妇女了。农村也不再是过去的农村,风气开化了,年迈的父母也早已放下心中的怨念,盼着她回家了。可是,她过得一点儿都不幸福,回到家就偎在亲人的怀里,号啕大哭。

是的,两人新婚不久,男子就开始拈花惹草,招惹起了别的女孩子,借着出差的名义,频频与情人幽会。而她则一个人独守空房,默默将两个孩子抚养长大。

多年前的那场私奔,就像一场梦,那段"死也要在一起"的爱情,转眼成空。

2

高中同学阿美,因为成绩不好,高二就辍学开始打工了。打工之际,喜欢上了自己的同事,而这位同事,同时也被另外一个女孩喜欢着。一时间,三个人陷入了"剪不断理还乱"的三角恋情里。

阿美不肯让步，因为她觉得，全世界任何一个人都不如她爱这个男孩。为了剪断这段三角恋情，让男孩永远陪在自己身边，一天下午，她割腕了。幸亏抢救及时，她保住了性命，男孩也果真回到了她的身边，不久后，他们按部就班结了婚。几年后，又相继生养了一对儿女。

阿美的生活看起来特别幸福。每次同学会上，大家都啧啧称羡，说："从来没有像阿美那样轰轰烈烈地爱过，好遗憾，一辈子能有一次奋不顾身的爱情，也够了。"阿美每次都只是笑，不接话。

后来，大家陆续从她闺密那里得知，其实，她和丈夫的婚姻早就名存实亡，这些年的琴瑟和鸣，不过是一种表演。一来，孩子太小，阿美不忍心让他们早早失去父爱；二来，自己当年为爱割腕的事迹众人皆知，一旦离婚，她丢不起这个人，怕大家笑话。

回头再看她在朋友圈秀恩爱，禁不住让人感到一阵心凉。是的，她最爱在朋友圈秀恩爱，不是老公给自己买了一件衣服，就是老公给自己买了一个包包，又或者，上传一张合照，拧着老公的耳朵，笑得一脸甜蜜。

很多次，都想问阿美一句："你不累吗？"

3

妈妈的麻将搭子春兰嫂，实在忍受不了丈夫出轨，去年夏天喝了农药。

当然，喝农药只是一种策略，不过是为了挽回丈夫的心，重新过上之前幸福美满的日子。

据称，那天下午，喝农药之前，春兰嫂的哭声响彻了半个村子，村民们纷纷赶来劝解。劝解的人越多，春兰嫂哭得越痛，叹命运不济、上帝不公。直到丈夫匆匆从外地赶来，才终止了这场闹剧。

喝农药果真有效，丈夫收心了。两人又开始像一对神仙眷侣那样——一起上下班，春兰嫂坐在丈夫的电瓶车上，两手搂着他的腰，像个被宠坏的孩子；下了班，手牵手去村头的小超市买菜买肉，回到家，你炒菜，我煮饭，两个人一起在厨房忙碌，好不热闹；周末休息的时候，春兰嫂招呼邻居打牌，丈夫站在一旁观看，顺便支支招。

然而，好景不长，丈夫又和一名女子好上了，是一位KTV的点歌小姐。这小姐还亲自到村子里找过春兰嫂，向她示威。

大家都劝春兰嫂离婚吧，这样的男人不要也罢。可她偏偏不听，死也要留在他身边。用春兰嫂的话说，她这一辈子，从来没对别的男人动过心，离开丈夫，她就不会爱了，只要丈夫让自己留在身边,她可以睁一只眼闭一只眼。

就这样,春兰嫂守着一颗僵死的心,继续着她的爱情生活。她说:"只要每晚能听着他的呼吸声入睡,就感到很安心,至于他心里想着谁,不重要。"

4

关于爱情,在一些影视剧中,我们看多了你为我死我为你亡的场景;各种文学作品里,不乏飞蛾扑火的桥段;流行音乐,也经常向人们颂扬"死了都要爱"的爱情观。与此同时,网络上,也经常曝出私奔未果而殉情的事件,或者大学生为情所困跳楼自杀等。

似乎爱情不经历伤筋动骨,就不成其为爱情,似乎真爱都是一场遍体鳞伤的旅程。日复一日,我们艳羡着别人的轰轰烈烈,却遗忘了自己的平平淡淡,我们为没有痛快淋漓地爱过而悔恨,却不知真爱就是温柔相伴,柴米油盐。

是的,所有让你要死要活的爱,都不是真爱。那只是一种爱情的冲动,那只是一种自我感动。要死要活,非但得不到真爱,而且还要为它买单。

而真爱是什么呢?真爱是,有你很好,没有你,我一个人也不坏。真爱是,我爱你,但我更爱我自己。任何一段需要披荆斩棘才能获得的爱，都不是真爱，真爱就要像喝水、吃饭一样自然，我们遇见了，我们喜欢了，你伸出一只手，我将它握住，并肩看一看眼前的世界。

爱情从来都是一件小事，它不负责伟大。说什么生死，我们还要好好活着，共度平淡流年。

生活对你的每一次刁难，都是善意的提醒

1

念高中的时候，数学不好。一百五十分的卷子，往往只考七十多分，及格一次，就是奇迹。三年里，饶是下了十二万分的力气去学，依然不见起色。

随之而来，高考落榜，未能考取自己理想的学校。

可我不信这个邪，以为是自己不够努力，只要足够努力，成绩一定会上来。于是铁了心去复读，一年，一年，又一年，整整三年。高中同学有一些都大学毕业了，我依然在高中里待着，誓死要将牢底坐穿的样子。

后来，偶然的一次机会，我报考了自学考试，选择了英语专业，完美避开了数学。从专科到本科，再到国家统招的研究生，

一路考下来，从未想过的顺风顺水。

我无意赞誉自学考试，通不过自学考试的，其实大有人在。只是想说，人生不是一场硬碰硬的比赛，空有努力是不够的，有些路走不通，就不要勉强再走，绕道而行，或许就会柳暗花明。

有句话说得好，刮奖的时候，何必非要刮到"谢谢惠顾"才知道停手呢？你该明白，"谢"字一出来，就是在提醒自己，及时止损才是王道。

2

从小到大，一直有丢三落四的习惯。

读书的时候，丢过钱，给家里打电话，妈妈立即汇了一笔过来；一次外出旅行，零钱包落在了火车上，坐公交的时候，乘客帮忙投了两枚硬币；工作以后，搬新家，遗失过手机适配器，要好的同事手头有两个，送了一个。

想一想，似乎并非什么大不了的事，也就从未放在心上。

直到两个月前的一天，我夜班回家，发现钥匙不见了，这才慌了神。深夜十二点，一个人站在小区楼下，瑟瑟发抖，求告无门。只好去住附近的酒店，一晚上小五百，半个月的饭钱就这样出去了。第二天一大早，找来配钥匙的师傅，撬开门，新锁新匙一换，瞬间又花去三百多。

对于一个月薪五千块的北漂来说,可想而知,这意味着什么。

那天起,我再未丢过任何东西。每次出门,都早早装好必备的物品,每逢回家,甚至列出清单来,依次放进包里,才决定买票。

其实,在此之前,生活已经给了我许多提示。第一次丢钱,我就应该明白,自己身上有"马虎"这个缺点,亟待改正。

可人类不自知啊,蹭破一点皮总觉得无碍,日复一日,非要撞到头破血流,才幡然醒悟。

3

前段时间,单位组织体检。报告出来,朋友被要求住院。

医生给出的结论是,经常熬夜,常年不吃早餐,缺乏体育锻炼,身体已经到了"崩溃"的边缘,必须停下手头的工作,配合药物,好好休养一阵。

眼看到年底了,单位特别忙,各种会议等着开,各种文件需要处理。朋友不听劝,虽然身心乏累,却深觉自己可以扛下去。终于在一天晚上,晕倒在格子间里,保安发现后,打了紧急电话速速送至医院才了事。

最近,微信群里,都是朋友发来的养生秘诀,一条又一条地刷着屏。

譬如，早晨起来喝一杯水，吃几块水果；譬如，纵使午间睡不着，也要趴在桌子上闭眼小憩；譬如，晚上喝一杯脱脂牛奶，利于睡眠，又不会增肥。

往常耍嘴逗贫的群，一下子改变了画风，不明所以的人，还以为进错了地方。

朋友说，其实，早在一个月前，他就已经感知身体出现了状况，提不起精神，有点风吹草动就感冒，可总觉得自己年轻，没什么大不了的。

这下好了，不仅耽误了工作，还要花钱养身体。

躺在医院的病床上，望着雪白的天花板，他第一次发现，生活的许多刁难，都是有迹可循的。每一次病痛的来临，都是一种善意的提醒，保重身体，势在必行。

4

人生是一场修行。

前行的路上，我们摔过的每一个跟头，都在提示自己应该怎样走，身上的每一道伤疤，都是一枚宝贵的路标。

人际关系紧张，似乎每个人都恶语相向，那就考虑一下，自己的说话方式是否有问题，而不是，每一个骂过来的人，我们都要骂回去。

工作不顺心，同事排挤，老板苛责，加班加点也无法完成任务，那就想一想，自己是否上心，而不是挑子一撂，翻脸就跳槽。

恋情告吹，男友劈腿，那就问一问自己，是我不够独立，太过依赖，还是他厌旧喜新，而不是不管不顾地一路追打第三者。

父母老去，通一次电话就絮絮叨叨，没完没了，那就回忆一下，为人子女，自己陪伴他们的时间有多少，而不是气急败坏丢下一句"我很忙"就挂掉。

生活对你的每一次刁难，都是一种善意的提醒。

不要逃避刁难，聆听它的提醒，左转，右转，绕道，直行，一步步，成为更好的自己。

自己没本事，就别怪人家势利

1

周末和表弟聚餐，一落座，他就向我抱怨："我们数学老师啊，太势利了。昨天下午我和大鹏一道外出，在校门口小卖部那儿碰上她，她一面问大鹏买点儿啥，一面叮嘱他多穿件衣服，最近降温了，呵护备至的样子，就像大鹏是她儿子，而全程似乎都没看到我。"

看着他气咻咻的样子，我笑了："大鹏是不是数学特好？"

"是，数学课代表，成绩在整个年级都数得着。"表弟顿了顿，撇撇嘴继续道，"不就是成绩好嘛。一个老师，教书育人，就要有点教书育人的样子，不能区别对待，是不是？"

我没接他的茬，转而问他："你成绩怎么样？"

"我……倒数吧，从小数学就不好，现在读了高中，依然没有起色。"表弟下意识挠了挠头，随即又摆出一副理直气壮的样子，"正因为我成绩不好，她才应该多关心一下啊。"

听起来很有道理。作为曾经的学渣，我特别理解他的感受。

可站在老师的角度想一想，你就觉得理所当然了。人家学习好，我笑脸相迎，你学习差，我自然横眉冷对，这样，你才会向学习好的同学看齐呀。

说到底，不是她势利，而是你不够优秀。

2

写作以来，如果你问我最大的收获是什么，我会说，看多了世态炎凉，从而意识到自己文章不够好，需要学习的地方有很多。

举个例子。半个月前，某家知名公众号要转载我的文章，白名单即刻就开了，直到今天这篇文章也没发出来。与此同时，作者群里一些比我授权晚的，都已经发了。

你说我气不气？当然。尤其当看到小编经常在朋友圈给另一位作者点赞而视自己如空气时更来气。可又有什么办法？我只能告诉自己写得不如别人好，优胜劣汰，再自然不过。

还有许多平日里看上去交情蛮好的作者，如果你们粉丝数差距很大，一旦你提出互帮互助——公众号"互推"啊、新书宣传啊，对方要么装聋作哑，要么婉言拒绝。

势利吧？是挺势利的。可仔细一想，又很正常。人家早就登上了山巅，凭什么跑下来扶你这块烂泥？要知道，慈善是一种权利，而非义务。

包括出书。很少有出版社愿意花钱给一个新作者做重点推荐，除非这本书已经卖火了，它才愿意再加一把火。

不管你承不承认，每个人都是趋利的。你不想被"势利眼"，就挖掘自我潜能，将自己打造成利益的中心。

3

看过一个纪录片，名字叫《裸归》。

亿万富豪假装乞丐，回乡试探亲友真心。最后，富豪感慨道，当你荣华的时候，聚在你身边的并非全是假士，但当你困苦的时候，留在你身边的，一定是真人呐。

其实需要试探吗？不需要。

从本质上讲，我们每个人都是势利的。势利才是社会的常态。

想一想——

读书的时候，你是不是很想和学习好的同学做朋友？

谈恋爱的时候，你是不是更喜欢长得好看的那个？

工作了，你是不是下意识要和骨干们打成一片？

路人和明星，你是不是更愿意把后者当偶像？

别不承认。

如果你总以为别人势利，那一定是你还不够优秀。优秀的人都被层层环绕着，顾影自怜的你，除了啐上一口"真势利"，似乎也没别的好说了。

不是吗？

你为什么而活？

昨晚刷微博，一条暨南大学学生跳楼的消息映入眼帘，消息后面附着一条链接，打开来，是一封长长的遗书。该学生称自己患了抑郁症，不知道为什么而活，找不到活着的动力，跳楼自杀无异于一种解脱，并告诉父母和朋友不要难过，他是快乐的。

近年来，大学生自杀的消息屡见网络，我无意对这种行为进行评判。不仅不评判，我甚至坚信，每个人都有活着的自由，同样也有死去的自由。生命是自己的，你只需对自己负责。

不用看微博评论，我就知道，有些网友一定会指责说你死了父母怎么办之类的话，似乎站在了道德制高点上。我想说，首先国人的这种孝道观就是错误的。出生的时候，父母经过我们同意了吗？他们自作主张就把我们带到了这个世界上，那么，我们为什么不能自作主张去死呢？再说，你把我带到这个世界上，我就一定要喜欢这个世界吗？与其说我选择死是自私的，倒不如说你盼望我活是自私的。其次，你们真能理解一个抑郁症患者的内心吗？抑郁症可不是普通的悲伤、难过，不是逛个街散散心就能缓解的，你不能拿普通人来比较。是的，作为一个普通人，我不能理解，但尊重。

于我自己而言，是绝对不会选择死亡的。为什么？因为我活着的乐趣实在太多了。这世界如此丰富多彩，每天都有不同的事情发生，每天都可能有意想不到的惊喜上演，中国那么大，世界那么大，天地那么广，可能这辈子都走不完，你给我一百年、两百年，乃至一千年，我都活不够，又怎会自己选择死亡呢？

作为一个高等动物，我为动物的本能——口腹之欲而活。

你喝过鸭血粉丝汤吗？是的，我超爱这口。那粉丝的筋道，那鸭血的爽滑，那汤汁的鲜美，不说了，让我擦擦口水先。嗯，自从在杭州喝过几次，我就再也忘不掉了，毕业来北京工作，但凡有机会，我就会满大街去找鸭血粉丝汤喝一喝。遗憾的是，迄今为止，我都没喝到令自己满意的。但我会继续找下去，直到找到为止，然后年年月月地喝下去。不让我喝到正宗的鸭血粉丝汤？抱歉，我一定会死不瞑目的。

你吃过双皮奶吗？没错，这奶是吃的，不是喝的，奶白奶白的，晶晶莹莹的，吃在嘴里像果冻，唇齿间，又有着一股冰激凌的清香。来北京工作后，因为忙，上班期间都叫外卖，就在一次叫外卖的时候，偶然点了份双皮奶。当时还想着，双皮奶双皮奶，是不是要揭两层皮才能吃呀？外卖到了，拿起勺子，三下五除二我就把它消灭了，看吧，小样儿，还是没皮过我。

我也为穿衣——穿各式各样好看的衣服而活。

是的，我是男人，不是女人，但哪条法律也没规定，男人不能穿好看的衣服。现阶段而言，由于囊中羞涩，我喜欢快消品，又有些时尚风味的，像什么H&M、优衣库、GAP、无印良品等。无印良品主打文艺小清新，最合我口味，优衣库走家居路线，迄今我也没弄清GAP的风格，就是简单粗暴的logo，而H&M在其中就显得很时尚，款式更新也快。好啦，我承认，我也像每个屌丝一样，每一年都翘首企盼"双十一"，体验一把买到就是赚到的成就感。

还有，我喜欢有阳台的房子，我为有阳台的房子而活。

众所周知，帝都租房贵，租一间有阳台的房子更贵。初来北京，亲朋好友都劝我省着点花——租个地下室吧地下室便宜，我真不是住地下室的人，我宁愿当个"月光族"，口袋里分文不剩也要住个有阳台的房子。你知道吗？清晨起来，拉开窗帘，阳光洒进来的那一刻，感觉有多美。雾霾严重的帝都，阳光尤为可贵。每一天，我都为可能出现的阳光而活，这种念头，让我深切感受到作为一个生命的美好。

像大多数年轻人一样，不可免俗地，我也是"果粉"之一，我为我是"果粉"而活，为苹果的每一代新产品而活。

苹果公司对产品精益求精的态度，让我格外欣赏。活在世上，我为拥有一款 iphone 而骄傲，为听的是 ipod 而自豪，为买不起 macbook 而活得更积极上进，更卖力。因为我有了目标，我要实现它，哪怕它只是一种物欲的表现，在某些人看来，浅薄甚至低俗。从根本上说，苹果带给我的不是手机，不是音乐播放器，不是电脑，而是一种感受，人文艺术的感受，它丰富了我的生命体验。我为每一年的苹果发布会而活，为惊叹连连以至骂出脏话而活。

我喜欢阅读，喜欢苏童和王安忆，我为他们接连推出的新书而活。

我喜欢听歌，喜欢王菲和朴树，我为等待他们推出新歌而活。

我喜欢电影，喜欢周迅和刘若英，喜欢张震和舒淇，我没理由不为他们的新片上映而活。

我想出书，想当作家，这是从小到大的心愿。每一天，我都为这个心愿而活，为靠近它的每一步而活，为实现它以后告诉你的那句话而活。

我为我未知的恋人而活。你看,这世界那么大,车流那么密,人口那么多,他在找我的途中一定困难重重,我要乖乖地等在路边,日复一日,为相逢而活。

是的,这所有的一切,重大的、微小的,桩桩件件都是我活下去、好好活、努力活的理由。很惭愧,我不知道生命的意义是什么,又或者说,我所理解的生命的意义,就是柴米油盐。

你为什么而活?如果你还不明白,那就放下这个疑问,去生活。从沐浴早晨的第一缕阳光,品尝早餐的第一杯牛奶开始,日子久了,生活自然会给你答案。

我情愿做你一辈子的备胎

1

或许是年龄渐长的缘故,不知从哪一刻起,再看言情剧,我爱上的都是配角。那些倾其所有默默付出的男二和女二,总会在某一时刻,深深地打动我。

明知飞蛾投火不可取,情爱转身成空,可还是会为这样的一段情心折。

只能爱你,这是我的宿命。

《大鱼海棠》中,为了成全椿和鲲,湫宁愿献出自己的生命,"我愿化作人间的风雨,一直陪在你身边"。

《最好的我们》里,第56次求婚失败后,路星河拿着戒指对耿耿说:"这个,我会永远为你保留的。"

而《金枝欲孽》里的福雅，长期服毒，只为陪在孙白杨身边，得到他哪怕一丝一毫的呵护，直至毒发身亡。

在我们一贯的认知里，"备胎"都是可怜又可悲的角色，是被人呼之即来、挥之即去的人物，永远活在主角的光芒下。然而，在备胎的心里，这段感情却是他生命里的重头戏，是最华彩的一章。

我情愿低到尘埃里，再从尘埃里开出花儿来。

我情愿陪在你身后，看你爱上一个人，再被另一个人所爱。

值吗？

或许就像张爱玲说过的，爱，就是不问值不值得。

2

是在一场同学的婚礼上，小萱认识了阿森。那时，她是伴娘，而他是伴郎，两人一见钟情，很快确立了男女关系。

阿森在一家中学教书，而小萱研究生在读。没有课的时候，小萱总会搭乘两小时的火车去阿森所在的城市，吃吃吃，买买买，在各处景点戏耍，拍照。发展到后来，小萱甚至专门翘课同阿森去海南旅游，并肩听一听海涛声，似乎这辈子就过去了。有一种沉着而笃定的美好。

然而，关系确立不到三个月，小萱就发现阿森依然和他的前女友保持着密切的联系，几乎每晚都要视频聊天，每次至少一个小时。面对小萱的质问，阿森总说："我们只是朋友罢了，她最近工作不顺利，需要人安慰，你不要想太多。"小萱伤心不已，抽空就找朋友哭诉，哭诉完毕，依然和阿森在一起。

有什么办法呢？就是爱。唯有揣着明白装糊涂。

和前女友断了联系之后，其间，阿森又劈腿两次。最后一次，小萱在阿森的出租房里和女生撞了个正着。阿森主动提出分手。这次，小萱不哭诉了，默默接受了现实。

正当大家都以为小萱仍处于空窗期时，突然有那么一天，小萱在朋友圈宣布了她结婚的消息，而老公就是阿森。毫不夸张地说，听到消息的那一刻，身边所有人的下巴都掉了。

这世上的男人都死了么？

纵使心里疑窦丛生，作为朋友，大家依然纷纷送去祝福。小萱说："我知道你们想说什么，可我就是爱上了，能有什么办法？婚后，纵使他出轨，我也认了。这一段情，我愿赌服输。"

3

曾经，听读者讲过这么一则故事。

男生和女生是经过相亲认识的，此前，男生刚刚经历一段惨痛的恋情，一来抱着疗愈伤口的心态，二来迫于父母催婚的压力，很快，男生就和女生在一起了。对男生来说，没有什么爱不爱的，只是觉得时机到了，反正迟早要结婚，那就结吧。而女生却倾注了所有的情意。

这样的婚姻注定是不幸福的，但女生却甘之如饴。

婚后，男生经常打着出差的名义，去附近大大小小的城市里纵情声色。回到家里，一言不合，就对女生开骂，翻桌子，摔板凳，甚至大打出手。有一次，男生手持木棍追着女生在小区里打，左邻右舍围上来，男生依然气咻咻地放言："咱们离婚，我就要跟你离婚。"

女生什么也不说，一滴泪也未流。日子如常。

后来，他们生养了两个孩子，如今，大的那个已经到了要结婚的年龄。清瘦的男生长成了大腹便便的男人，娇俏的女生额头上也开始增添了纹路，完全一副家庭妇女的模样了。未曾改变的是，男人依然拈花惹草，女人依然殷勤备至，侍奉左右。

有时候，在爱情里，根本没道理可讲。我爱上了你，就是一场劫数。你是毒药，同时也是解药。我只能生生死死地和你绑在一起。

一如王菲在歌里唱的：你并不是我，又怎能了解，就算是执迷，让我执迷不悔。

4

经常有读者问我：你写了那么多别人的感情，什么时候写一写自己的？

是的，我从未写过自己的感情。因为我从来没有和一个人好好相爱过，我不知道相爱的滋味是什么。

我只知道爱一个人的滋味。

三年前，我爱上了一个人。看到她的第一眼，我就爱上了。我不知道爱她什么，又或者，我爱她的所有。她飘逸的长发，她不经意嘟起的嘴唇，她温雅而羞赧的笑声，甚至她放在课桌上的旧书包，都是我所爱的。

而当时，她正爱着另外一个人。课间十分钟，她经常和我讨论有关他的一切。"你觉得他怎么样？"成了她的口头禅。"还好吧。"我总是微微一笑。

还记得毕业前我们一起去镇子上吃饭。彼时，他们已经在一起了。饭桌上，她揶揄我说："你吃得好慢啊，跟我男朋友一样。"这句话，烙在我心底里好久好久，甜蜜得想放声大笑，难受得想嚎啕大哭。

那一次，我们喝掉的空饮料瓶子，被我小心地放进了书包里，从杭州背到了老家，又从老家背到了北京。

现在，我依然常常想起她来。看她的微博动态，去她的全民 K 歌里看有没有新歌，百度里输入她的家乡名，领略一下那里的风土人情。

很傻，是不是？

可是，我心里为什么觉得那么美呢？

有句话说得好，有些人，我们遇见就已经赚到了。我心里清清楚楚地知道，无论她在哪里，只要一个电话，我就会飞奔而去。

5

从古至今，我们都喜欢看王子和公主的爱情故事。

可这个世界上哪有那么多的情投意合，月圆花好。在他眼里，你是公主，在你眼里，他是王子，这样的缘分，珍贵稀少，可遇不可求。

平淡岁月里，一个个灰头土脸的我，总是遇见一个个闪闪发光的你，然后，不动声色地爱一场。

我自倾杯，君且随意。

如果有那么一天——婚礼上，司仪问，这一生，无论贫困或富有，无论健康或疾病，你都愿意爱她一生一世吗？

我一定会站在小小的角落里为你们鼓掌，轻声在心里回答，我愿意，愿意做你一辈子的备胎。

时刻准备着交出自己，只为你的人生路走得更顺遂一些。

积极的心理暗示对一个人有多重要？

1

昨晚，国内新锐摄影师任航自杀了。

坦白讲，在此之前，我对他一无所知。好奇心作祟，翻了翻他最近的动态，大部分是摄影作品，充斥着新奇、诡异的气氛，少部分是诗歌，用词朴素，腔调阴郁。可以说，是很有辨识度和才气的一个人。

就当我为天才辞世而扼腕时，以下两条微博跃入眼帘，一条是："每年许的愿望都一样：早点死。"另一条为转发这条后的补充："希望今年能实现。"时间是1月27日下午6点23分。

那一刻，我忽然想起一句话：一个人只要想死，谁也拦不住。

网传任航患了抑郁症。抑郁症的主要表现就是，打心里觉得日子糟透了，生活没有希望，而死亡却是美好的，可以由此解脱。从这方面讲，抑郁症比癌症还可怕，癌症只是身体上的病痛，而抑郁症却是思想上、心理上的折磨。

一个癌症患者只要心思开阔，就有可能多活一段时日，甚至被治愈，而一个抑郁症患者，几乎是无药可医的。从多年前的张国荣到去年的乔任梁，再到今天的任航，可见一斑。

不要以为事不关己，其实我们每个人都是轻度的抑郁症患者。只是有些人学会了自愈，而有些人选择了自杀。区别就在于，面对眼前的世界，你怎么想。

心有烛火的人，看什么都是亮的。一个相信雨后有彩虹的人，上天一定不会辜负他。

2

小区里有一位捡废品的老爷爷，从早到晚，无论见到任何人，都是笑脸相迎，热络地打着招呼，"早饭吃了吗？""今天下班有点晚啊。""孩子感冒好了没？"得闲的时候，和附近的居民在大门口下下棋，也是神采奕奕，每走一步，那运筹帷幄的样子，活像指挥着千军万马。

如果你是一位沿街走来的路人，一定不知道，他两年前死了儿子,那是他唯一的儿子。而且儿子死后欠了一屁股债,如今,他靠捡废品一点一滴在偿还。

一个70岁左右的老人,死了儿子,不哀不怨,且甘愿背负儿子的债务,拼尽自己的余生,有几人能做到?又有几人愿意做呢?一大把年纪了,债又不是自己欠的,就算丢下不管,也没什么好讲啊。

可老爷爷不这么想。逢人问这个问题,他都会说:"欠债还钱,天经地义,再说,我这个岁数了,要工作没有工作,要事业没有事业,没什么好消遣的,捡废品还债,不是刚好给自己立一个目标吗?每捡一个瓶子就能还掉两分钱,一天一天靠近它,想一想,活着就有劲儿。"

上周末去买彩票,刚巧在门口碰上老爷爷。我笑着对他说:"怎么,捡废品捡烦了,现在改买彩票了?"他也笑着回复:"废品在捡着,彩票也在买着,多给自己留一份希望,这日子才有盼头嘛。"

望着他轻盈地走在二月末的阳光下,一刹那,我突然发现,春天来了。

是啊,春天来了,春天的脚步近了。我们所能做的,就是给自己埋一颗希望的种子,发芽、开花,都交给时间。心若向阳,何惧风霜。

3

十七八岁开始写作,多年来,受到的非议屡增不减。如若不是自己给自己打着强心剂,我早败下阵来了。

刚开始给杂志投稿,爸爸听闻后,就曾嬉笑说,我当年就投过很多稿,还不是石沉大海?劝你还是趁早打消这个念头。我自然理解他的顾虑,他怕我一来文章写不好,二来耽误学习。我不理解的是,试也不试,如何知道成不成呢?

念大学的时候,我陆续在报纸杂志发表"豆腐块"。其中一位老师,曾当面儿奚落我,像你这个年纪,人家都出过几本书了,你还想当作家?我什么也没说,心里想的是,慢慢来嘛,日子早着呢。

后来,我出了第一本书,依然有人抨击我。最近两天,还收到过这样一条私信:现在真是什么人都能出书了。我没有回应,我不想多费口舌,只想一本书一本书地出下去,直到堵住所有人的嘴。是的,我总是抱定一个心意——虽然现在写得不好,但未来会越来越好的。

我就这么厚颜无耻、死皮赖脸地写了下来,写了很多年,还将一直写下去。我始终相信勤能补拙,生活不会亏欠每一位默默努力的人。在许多熬不下去的关口,我都告诉自己,你想要的,就在来的路上,等着和你相逢。

马云有句很著名的话：梦想还是要有的，万一实现了呢？是啊，我们都要为"万一"而活着，如此，这一地鸡毛的人生，才有源源不断的希望啊！

4

不知你有没有想过，这个世界，在每个人眼中是不一样的。

虽然我们站在同一片天空下，消极度日的人，看到的是高房价、雾霾天、贫富差距、尔虞我诈、勾心斗角，从而破罐子破摔，而积极进取的人，看到的则是高房价带来的动力、雾霾散去后的艳阳天，以及为人处世的技巧，从而越活越精彩。

张爱玲说，你笑，全世界便与你同声笑，哭，你便独自哭。

我们何苦去做那个哭的人，你说呢？

低质量的热情，不如高质量的冷漠

1

在济南读书的时候，一天下午，乘 BRT 外出。途经省图书馆，有乘客下车，一个妈妈领着一个四五岁的孩子。前脚刚下去，车门还未关闭，突然有个男孩子捡起车厢里的一只鞋丢了出去。

是的，他以为母女俩不小心遗失了。举手之劳，帮帮她们。

此时，就在他身后，正在喂孩子喝水的另一位母亲，突然惊叫了一声："我们的——"

男孩转身望了一眼，羞赧地低下了头。他嗫嚅着安抚这位母亲："下一站，下一站下去，坐反向车去找，肯定……肯定能找到的。"

车子越开越远，他的脸越来越红。

母亲无奈地笑了笑说："我赶火车，十点三十二分，现在将近十点……罢了，丢就丢了吧。"

男孩别过身去，直至下车，再也没说一句话。

我不知道这件事在男孩的人生里会不会留下些什么，但愿会吧。

在中国，我们从小所受的教育就是"乐于助人""乐善好施"，父母是这样说的，学校是这样教的，踏入社会，一般来讲，热心肠的人也更受欢迎。可是，我们不需要盲目的热情。

你的热情，需要擦亮眼睛。不然，非但温暖不了别人的心，还可能将对方推向更加冰冷的境地。

2

大新是朋友圈不懂拒绝的老好人，能胜任的事，他予以援手，不能胜任的，他也会竭尽全力。

一年夏天，惠子的电脑坏了。说是坏，其实算不上，就是桌面壁纸换不了，刚换上，隔个十几分钟，又不见了，整个屏幕都是黑的。她百度了好久，一直未找到合适的方法。

多小的一件事，惠子觉得犯不着拿去维修，就在群里问了问，谁会换壁纸。当时，大新正路过她的小区，打算去市场买点菜，就顺道来惠子家看了看。

折腾了十几分钟,不行,大新再接再厉,又折腾了十几分钟,还不行,大新和电脑杠上了。一个小时过去,壁纸没换上,电脑也开不了机了。

其间,惠子给大新拿了一瓶啤酒,啤酒喝完,又拿了一支雪糕,雪糕吃完,又专门跑到爸爸抽屉里,拣出半盒烟来让他抽。

最后,两个人望着偃旗息鼓的电脑,大眼瞪小眼。

惠子说:"不得已,终于还是跑去电脑城维修了,花了几百块。"惠子接连发了几个"笑出眼泪的表情"给我。

我打趣她:"这事儿也怨你,你就不能让他停下来吗?"

"你不知道,看他热情高涨的,不给个表现的机会,我就成恶人了。"

后来,这件事渐渐传播开来,在朋友圈成了一段"佳话"。一时间,"做人不能太大新",成了我们的口头禅。

是的,我们都知道,朋友嘛,需要雪中送炭,但前提是,你要有炭。没有炭送雪,那姿势就难看了。

3

之前,罗一笑事件在网络上闹得沸沸扬扬。

截至目前,这事儿好像还没过去。事件从罗一笑的白血病转到罗尔的三套房,又从罗尔的三套房转到中国重男轻女的现象。自媒体作者连连发文,网友纷纷声讨。

一个不争的事实是,罗尔在有经济能力为女儿治病的前提下,依然"卖文"博同情,甚至联合营销公司骗捐。

而骗捐背后,是成千上万疯狂转发朋友圈的热情民众。

他们在完全没搞清楚状况的前提下,仅凭一篇"催泪文",就大肆宣传开来,呼吁的呼吁,捐款的捐款。

一个人转了,你无动于衷,两个人转了,你无动于衷,一百个人转了,你开始动摇,两百个人转了,你赶紧跟着转起来。"卧槽,不能掉队呀。"

许多"无脑"的群体性事件就是这样发生的。

这其中,没有人去质疑事情的真相,没有人去想"女儿白血病晚期了,父亲何以还有心情写文煽情",更没有人意识到自己的每一次转发都是对善良本身的践踏。

大家的态度清晰明了——不就是转发一下嘛,不就是捐点钱嘛,多大点儿事。

然后,事情的结果就是,一笔巨款被坐拥三套房的罗尔收入囊中,而捐款的人,很可能有一部分还在北漂,拿着微薄的薪水,住在逼仄的地下室里。

罗尔说:"罗一笑,你给我站住!"而我想说:"热情的民众,你们给我站住!"

收起你廉价的热情，一个不小心，就可能助纣为虐。

4

有朋友去日本旅游，回来后，满脸诧异地告诉我，日本人特冷漠，无论在公车上，还是在大街上，彼此都很少讲话，很少关心别人的事，当然，如果你主动寻求帮助，他们也会很热情。

我反倒觉得这才正常。

我无意赞誉日本人，我只想说人本身，适度冷漠，才是高贵的善良。

世事繁杂，我们不可能看清每一件事，认准每一个人，所以，请节制你的热情，别让它泛滥成灾。

芸芸众生，每个人都有自己的短板，有力所不能及的事，所以，请收起你的热情，学会礼貌地拒绝。

是的，低质量的热情，不如高质量的冷漠。

人活着啊，千万别辜负了自己的一颗真心。在这尘世里摸爬滚打，你要通透一点，再通透一点。

不对孩子随便发脾气，是父母的底线

1

昨晚和姐姐视频聊天，其间，外甥女突然哭了起来，声音嘶哑，哽咽不止，嚷嚷着要"找姥爷"。平日里，姥爷对她娇宠惯了，一有委屈她就会说这句话。

问明了情况才知道，当天，姐姐和姐夫带着小外甥去县城看病，问外甥女去不去，她说不去，然后，他们一行人就走掉了，留外甥女一个人在家，待姐姐他们回来，发现外甥女烧掉了卫生间椅子上的棉絮，就吵了她两句。

我平铺直叙地将原委讲了一遍，还是气得想骂人，是怎么回事？

一个未满 7 周岁的孩子，她说自己想一个人在家，你们就留她一个人在家？7岁，懂什么？对这个世界，几乎一无所知啊。被烫伤了怎么办，被电到了怎么办？出了种种想不到的意外，怎么办？！

孩子未成年之前，父母对他们是有抚养和教育义务的，这是基本的常识，难道都不懂吗？她不知道自己一个人在家的危险性，你们告诉她呀。不然，还要父母干什么？

外甥女之所以烧掉了卫生间的棉絮，是因为她冷。对，老家最近降温了，她想取暖。听到这里，你们不觉得心疼，反倒还要凶她？这是怎样一种脑回路，简直无话可说。

烧掉了棉絮，人好好的，房子好好的，难道不值得庆幸吗？为什么还要发一通脾气在孩子身上？

后来，我给姐姐发去了一条短信，大意是，这件事一点儿也怨不得孩子，反倒是你们，应该狠狠抽自己两巴掌，想一想，父母应该怎么做。

2

小钟给我讲过一段自己的经历。

在他小时候，一天夜里，爸爸去打麻将，打到很晚也不回家。妈妈带上他去找爸爸，路上千叮咛万嘱咐，到了那里就说自己想爸爸，想让爸爸回家。可是，小钟当时困极了，只想睡觉，完全没有"要爸爸抱""让妈妈亲"的愿望。一路上，小小的他被"挟持"着，内心里充满了怨艾。

迷迷糊糊间，终于走到了棋牌室。看到爸爸，小钟跑过去就说，妈妈让你回家。一瞬间，周围其他的"麻友"纷纷转过脸来，暧昧地笑出了声。妈妈窘迫极了，红着脸说："这孩子……明明是自己要来找爸爸，怎么撒谎呢？"

爸爸并没有回家，只说，打完这局就走。小钟默默跟妈妈回去了，刚打开家门，妈妈就狠狠踢了他一脚。有多狠？小钟说："感觉整个屁股都麻掉了，眼冒金星，顿时没有了知觉。"

那一年，小钟6岁，为什么记得那么清楚？因为事后第二天就是他的生日，而他并没有吃上生日蛋糕。将近一周，妈妈的脸都是木的，他也不晓得自己做错了什么。

听完小钟的讲述，不知道为什么，好想笑。

一个女人，深夜想叫老公回家，拉不下脸，怕别人误会（或许，那年月的农村，老婆想老公，是一件羞耻的事吧），就借孩子之口来表达自己的诉求，被揭穿之后，恼羞成怒，对孩子一顿打，随后又实施了"冷暴力"。

孩子做错了什么？你自作主张把他带到这个世界上，就是为了利用他，做自己的出气筒吗？

想想就觉得齿寒。

3

有一个朋友，从小在单亲家庭中长大。她和爸爸过，在另一个城市，妈妈和别人重新组建了家庭。

朋友说，打有记忆以来，家中便乌烟瘴气的，离异后的爸爸，酗酒、骂人，是家常便饭。她常常觉得自己是一个错误的存在。生下来就是错的——说话是错的，不说话也是错的，站着是错的，坐下来也是错的，吃饭是错的，不吃饭也是错的。无论做什么，都没有对的时候。

5岁那年，她去隔壁小伙伴家玩耍，一时兴浓，忘了回家。吃晚饭的时候，爸爸赶过去，对着她就是一顿臭骂，别人家那么好，你就死在这儿，别回去了。

15岁，她读初中，正值青春期，铅笔盒里贴满了男明星的画纸。爸爸发现后，指着她的鼻子揶揄，你呀你，迟早和你妈一个样，就知道狐媚男人。

25岁，她结婚了。别人的婚宴上，收获的都是父母满满的祝福。而她等到的却是爸爸一句：我知道的，你早就想离开我了吧？

婚后一年，公婆各种催生，老公也明示加暗示，希望生一个，他最喜欢孩子了。可朋友心里始终有一个结，打不开。她怕孩子生下来和自己争宠（多少年来，她一直对爱有匮乏感，好容易走进一个幸福的家庭,怎容许有第三者加入),又怕自己对孩子的宠爱不够多,尽不到一个母亲的义务。

是的,有那么一刻,她突然发现自己是残疾的,不会爱了——只会接受,而不会施与。

4

日本小说家伊坂幸太郎说:"一想到为人父母居然不用经过考试,就觉得真是太可怕了。"

深以为然。

这世上,有多少父母,只是生物学上的父母——只会生育,不会养育?对孩子所有的教育,无非是给你一口饭吃,把你养大。而且,他们常常带着一种天生的优越感,告诉你,"应该这样,应该那样",而很少关心"你认为应该怎么样"。一旦违了他们的意,就随便发脾气。

明天就要开学了,还不滚去写作业?

别人家孩子都买车买房结婚了,你这几年都干了什么?

你如果敢这样做,我就和你断绝父子关系!

……

究竟要到什么时候,我们的父母才能意识到,父母和子女之间,除了血缘关系,还有最基础的一层关系——人与人之间的关系?尊重和倾听,是每个人都需要的东西。

永远记住,孩子是被父母带到这世上来的,仅凭这一点,凡事都要先从自己身上找原因,作检讨,不是吗?不对孩子随便发脾气,是为人父母最基本的底线,希望你能懂。

Part6
你有英雄梦想，也请尊重我平凡的生活

流年很慢，回忆悠长。
英雄梦想或者平凡生活，
各自把日子过好，
就是对自己的负责。

真抱歉,没能活成你眼中该有的样子

1

头几天,写了一篇关于林丹出轨的文章,发在了微博,许多人表示赞同,也收到不少反对的声音。在这些反对的声音里,有不少人"出口成脏",一副我掘了他们家祖坟的样子。都说网络暴力可怕,我算真正见识了一回。

活了那么些年,我向来秉持一个原则,人不犯我我不犯人,人若犯我我必犯人。所以,那些骂我的人,我一个个回骂了过去。奇了怪了,我凭什么受他们的气?

然后,就开始有读者留言说:"你一个作者,能不能有点作者的样子?我也关注了不少作者,从来没见过像你这样的,直接飙脏话,你的素质、你的教养哪里去了?我对你太失望了!

取关。"

我回复了他两个字："不送。"

是的，我不明白什么是"作者的样子"。永远温文尔雅，礼貌有加，骂不还口，打不还手？别人吐你一脸唾沫，你笑着说吐得好，吐得棒，吐得呱呱叫？那不是有教养，而是懦弱。要知道，作者只是一个身份，身份之外，我也是个人，有血有肉有感情，好吗？谁的心也不是石头做的，会受伤，会流血。

兴许，别人家的作者是这样，那你去关注他们得了。真抱歉，我没有心情做圣人，不想成为什么该有的样子，只想做自己喜欢的样子。

2

姐姐有个朋友叫小榛，今年 35 岁了，按老家的传统，虚岁 36，过完年马上 37。奔四的年纪，两个孩子的妈妈，大的那个已经读初中了，她依然打扮得漂漂亮亮的，像个十七八的小姑娘。因为喜欢唱歌，周末休息的时候，经常去 KTV，有人作伴，她去；无人作伴，她也去。

渐渐地，就开始有风言风语传出来，说她有外遇了，跟厂里一个男青年不清不楚的。男的身高一米七六，两个儿子，家住县城东北角，以前开过澡堂。真是有鼻子有眼的。

茶余饭后,街坊四邻少不了窃窃私语。

妇人们最喜欢说的几句话是:"你看她,结了婚没有一点结婚的样子,孩子都那么大了,男人脸上都有褶子了,打扮那么好看给谁看啊,还去什么KTV,那不是小混混才去的地方嘛……"

然后,就会有人跟着附和:"是啊,没有外遇才真是见了鬼。"

什么是婚后的样子?素面朝天,烹煮洒扫吗?

打扮那么好看给谁看?给自己看啊。爱美是一辈子的事,跟结不结婚一点儿关系没有。

去KTV,那是我喜欢唱歌,爱好,懂吗?

我们都替小榛叫屈。她反倒一副无所谓的样子,笑笑说:"随他们去咯,那么多张嘴,我总不能一个个封起来吧。"

在强大的舆论压力下,小榛依旧活得率性洒脱,令人感佩。

3

前阵子,窦唯在小面馆吃饭的事,在网络上引起了一番热议。

照片上,窦唯一副素人打扮,衣着简单,低头默默吃面,没有任何所谓助理、保镖陪同。甚至看上去和一般路人都没得比,就是一个穷人,加上年纪大了,有一种晚景凄凉的感觉。

窦唯是谁?著名的摇滚歌手啊,音乐圈响当当的人物,王菲的前夫。

所以，看多了明星出场前呼后拥的网友们，不懂了。这哪里有歌手的样子？太可怜了，太可叹了。纷纷留言让王菲接济一下，甚至追问窦靖童，你还知道有一个这样的爹吗？还有人建议说，为什么不去参加综艺节目，像许多老歌手一样，做个导师，挣点儿钱？

大家的同情心，我当然懂。我不懂的是，歌手到底是什么样子？歌手能不能有第二种活法，第二种人生？你觉得窦唯穷，人家真的穷吗？他也许只是对物质的欲望降低了，前半生做明星，后半生就想做一个普通人，融入到人间烟火里去。别的歌手做导师，灯光闪耀，万人追捧，他就是不想做，行不行？

你觉得窦唯穷困潦倒，也许他活得自由欢畅。你认为歌手就应该唱到老，唱到死，可他就想在巅峰时期悄然退场，去选择另一种人生。

没能满足你的想象，真是对不住了呢。

4

契诃夫的小说《装在套子里的人》中，主人公别里科夫的世界观就是害怕出乱子，害怕改变既有的一切，抵制新事物，维护旧事物。

现在一些人不也是这样吗？装在套子里，囚在牢笼里，但凡社会上有不符合自己想象的人、事、物出现，不是抨击一番，就是感叹连连。一个人坐井观天不够，还想把别人拉进井里来。

一个学生，能不能有点儿学生的样子？

一个老师，能不能有点儿老师的样子？

一个医生，能不能有点儿医生的样子？

一个清洁工，能不能有点儿清洁工的样子？

一个穷人，能不能有点儿穷人的样子？

……

呵呵，还真不能。

知乎里有人提问："什么是一个人最糟糕的品质？"张佳玮答："狭隘，狭隘会导致愚蠢、封闭、破坏欲和一切邪恶，而且最可怕的是封锁了改善的可能性。"

深以为然。

没有应不应该的样子，每个人都有自己的样子，没有应不应该的人生，每个人都有自己的人生。

由此，我们的世界，才是一个丰富多彩的世界呀！

你眼里只有成功，活得也太失败了吧

1

认识刘哥有段日子了，一直没机会见面。巧了，这周刘嫂带孩子去了娘家，刘哥解放了，于是我们出来小聚。

饭桌上，刚寒暄两句，刘哥就拿起手机发微信。一边发一边歉疚地说："有同事问我工作上的事，昨天没交接好。""没事，你忙你的，我吃我的。"我"哈哈哈"笑着回应，夹起一只虾放进碟子里。

就这么着，刘哥闷头发了近半小时微信，终于想起对面有个我了。他讪笑着说："谷子，你怎么不动筷啊？""动过了呀，我已经吃饱了。"我拿起纸巾擦嘴，示意他赶紧吃，不然热菜就变冷菜了。

"其实啊,是这么一件事,我们公司最近研发了一个项目……"刘哥一面吃,一面兴奋地和我聊公司的事,激动处,拿起筷子对着盘子"丁零当啷"一通敲,我礼貌性地笑着点头,笑到后来整张脸都木了。关键是,最后刘哥还反问了一句:"你觉得这事儿怎么样?"

如坠五里雾中,我一时不知如何作答。此时,刘哥接了一个电话,说:"领导通知改方案,我要先回家了,真是抱歉。"望着他匆匆离去的背影,我下意识苦笑了起来。

像刘哥这样的人,生活中不在少数。工作就是一切,成功就是目的。来北京,就是为了赚钱,赚更多的钱。他们不知道娱乐是什么,不知道娱乐在人生中起什么作用。

有错吗?没有,人活着总要吃饭。但你不觉得缺少了点儿什么吗?——人味。活着,活着,就把自己活成了一台机器。

2

念大学的时候,班级里有个出了名的"学霸"。从大一开始,他的目标就是考研,找一个好工作。为此,生活中,可以说"日理万机"。

有一次,宿舍有人过生日,请大家一起看电影,碍于情面,他也跟着去了。可是,回来的地铁上,只听他抱怨了一路,"这电影真是糟透了,看了简直浪费生命。""去电影院路上的时间,足够在家看一部电影了。"

此后,但凡有娱乐活动,我们都不敢再邀请他。

大四,临近考研,他一度将宿舍搬进了自习室——买了一个睡袋,困乏了,就休息,醒来了,就学习,每隔三四天回宿舍洗漱一次。我们常常忘记了他的存在,就连宿管大叔,有时也会拦住他,一脸困惑地问:"同学,你住这栋楼吗?"

毕业前夕,他收到了上海某985高校的通知书,大家吃"散伙饭"的时候,他在做简历,继续为找工作做准备。拍毕业照那天,他是唯一一个没来参加的,当摄影师按下快门的一刻,他正和HR商榷着工作中的种种事宜。

毋庸置疑,他是一个非常优秀的学生,前途不可限量。可是,如果你问我:"愿不愿和他的人生相交换?"我可以毫不矫情地说:"不愿。"

我的人生不是拿来成功的,它只是一种体验。在我的字典里,成功不是单选,而是多选中的其中一个。我欣然享受成功的喜悦,也甘愿承受失败的苦涩。我会为了理想而孤注一掷,也会放下理想,在太阳底下打个盹儿。

3

宋先生是我的老乡，在深圳一家"500强"企业做主管，一年到头忙得脚不沾地，只在春节期间回趟老家。

我们这些离家在外的大人，一旦回到家，就成了孩子，瞬间玩脱了形，赶年集、放鞭炮、打扑克，和儿时的小伙伴胡吃海喝。只有宋先生不同，只要碰上他，气氛即刻严肃起来，他总会问大家，"在外面混得怎么样？""工资涨了多少啊？""有没有买房的打算？"总之，全是人生大计。

四邻八乡都羡慕宋先生的母亲。宋先生每年汇来的零用钱，少说也有五六万。想一想，一个农民外出打工，一年能攒五六万吗？每次宋先生的母亲骑上单车去取钱，邻居们都会感叹："生一个有用的儿子，真是享清福了。"

可是，不晓得为什么，我总觉得她生了一个冰冷的取款机。那远去的背影里，蕴含着的，到底是雀跃，还是落寞？

去年夏天，宋先生去英国谈生意。同一时刻，母亲突发脑溢血去世了。一下飞机，宋先生就收到了亲戚打来的电话，但硬是将生意谈完、谈妥，才赶回了家里。此时，母亲早已在众人的帮助下，入土为安。

我承认，那一刻，相比于回家，"性价比"更高的，当然是谈生意。母亲毕竟已去世，回去了，也无法挽留她的生命。

但是，人这辈子，凡事都为"性价比"而活着吗？除了成功的念头，内心是否还有一丝温情？

4

这是一个日新月异的社会，同时，也是一个优胜劣汰的社会。每个人，每一天，似乎都在挤破头地向前冲，为了荣耀，为了金钱。在成年人的生活里，似乎只有"成功"二字。

既然选择了考研，就一定要考名校，"一战"不行，那就"二战"。

既然选择了北上广深，就一定要闯出一番名堂，三年买车，五年买房。

既然选择了创业，就一定要白手起家，愈挫愈勇，置之死地而后生。

有问题吗？没问题。你不向前冲，就可能被别人踩在脚下；你慢一步，就只能捡别人剩下的；你输了，奖杯就由别人握着，而自己，只有鼓掌的份儿。很残酷，也很现实。

可这就是人生的全部吗？你成功了，然后呢？

当有一天，你披荆斩棘，终于戴上了光芒万丈的皇冠，突然发现自己不会哭了，不会笑了，不会嬉戏打闹了，是不是有那么一点儿悲哀呢？

对得起时间，对得起自己

你眼里只有成功，活得也太失败了吧？

寻梦的路上，别只顾着赶路，而遗忘了路边的花朵。人生这部书，除了主线，还要有闲笔啊。

你努力就够了，不必拼命；你坚持就够了，无须咬牙

1

前阵子，我经常上夜班，一周七天，连续六天通宵。实在撑不住了，照镜子的时候，看到眼里充满了血丝，皮肤粗糙又黯淡。忍不住拷问自己："你是一台挣钱机器吗？你读了五年小学、三年初中、三年高中、四年大学，又三年研究生，跑到北京来，就是为了熬夜挣钱吗？"

于是我告诉了领导，说自己不想熬夜了，宁愿少拿一点工资。最初领导没同意，说是为我好，如果想养家糊口，还要靠这份工作，适应一阵子就好了。过了一周，我再次表达了这个意愿，领导终于同意了。

是的，从下周开始，我就不用再上大夜了。想想就很开心，

似乎捡了一个大便宜。

教师节时，给导师打电话，不可避免地提到了这件事。不出所料，他批评了我："你就是既想多赚钱又想做清闲的工作，你就是吃不了苦，什么工作不忙、什么工作不累？"

刚刚得到领导应允的时候，给我妈打电话，她语气里，也传达出了同样的意思。我说："妈啊，以后我不用再上大夜了。"她淡淡回应："哦，还有别的事吗？"

我知道他们都是为我好。毕竟在岗位上辛苦些，更能得到领导赏识，对于以后的晋升大大有利。所以我不想辩驳。如果我辩驳，似乎就是在为自己找借口，像一个笑话。

可我还是要说，对不起，我不做透支生命的工作，我活着不能只为了挣钱。熬不了夜和吃不了苦，是两个概念，我可以一刻不停歇地工作八个小时，甚至十个小时，我也不要熬夜到天亮。

我想健健康康地工作，有错吗？

2

这是一个提倡"拼命"的年代，也是一个提倡"咬牙"的年代。市面上多少励志书籍告诉我们，"将来的你，一定会感谢现在拼命的自己"，"咬牙坚持，你终将成就无与伦比的自己"。似乎世间所有的事，拼一拼命，咬一咬牙，就迎刃而解了；似乎你和成功之间，你和梦想之间，就差了这一点。

果真如此么？别搞笑了。

不说别的，就拿读书这件事来说吧。相信你一定有过这样的印象，班级里，但凡特别刻苦特别拼命的学生，都不会是尖子生，而那些尖子生，往往"轻轻松松"就考了高分，金榜题名。

为什么？因为尖子生更讲究效率，而不是一味地拼命。他们在听课的时间，好好听课，自习的时间，认真做题，娱乐的时间，放开了玩耍。而刻苦用功的你呢，听课的时候，开了小差，只能在自习的时间，温习上课的内容，而本该在自习的时间解决的题目，又只好点灯熬夜去完成。

没错，拼命的表象下，掩盖的往往是你的低效和无能。

职场上也一样，领导真正赏识的，都是做事效率高的员工，都是游刃有余的下属。他只会对按时完成工作，甚至提前完成工作的人另眼相看，而不会为追在屁股后面拼命加班的人感动落泪。而后者，往往不仅得不到赏识，还把自己的生活搞得一团糟。

热播剧《欢乐颂》里，安迪的下属刘思明，就是一个很好的例子。上司交给的任务屡屡完不成，只好熬夜工作，最后落得个猝死的下场。从家人的角度来看，他是一个拼命工作、日夜操劳、死也死得很"光荣"的人，是一个好丈夫、一个好爸爸，值得赞赏，而站在一个"人"的角度讲，他既可悲，又可怜。

三百六十行，行行出状元。每一位状元，都是时间管理达人，做事当机立断、雷厉风行，而不是一味拼命的苦行僧。

3

村上春树说过一句"烂大街"的话：喜欢的事自然可以坚持，不喜欢怎么也长久不了。不能说全对，但也不无道理。

有时候，做一件事，"拼命""咬牙"，也许只能证明你方向错了，你就不应该选择做这件事，走这条路。你执拗地一条道走到黑，拼命努力，咬牙坚持，白白浪费了时间，到最后也许只能证明自己愚蠢。久而久之，你只会自伤自悼，顾影自怜，为自己的故事感动落泪，活得像个惹人厌的"绿茶婊"。

咪蒙的文章《你对自己下过狠手吗？我有》，里面提到一个朋友，为了减肥，"连续三个月，每天只吃三样东西、西红柿、黄瓜、白开水"，家住23楼，"每天爬上爬下，来回爬10次以上"，"每天坚持跑步，连续跑2小时，下雨也坚持，感冒发烧都坚持"，"有一次高烧快40度，还强撑着从床上爬起来，硬撑着跑一个多小时，跑到自己吐"。为了考国外的研究生，"每天早上5点45分起床，直到半夜1点，困了就猛灌咖啡或浓茶"，"学得太狠了,大把大把地掉头发"。如果用她的话说,看了这文章,"真特么燃"。

结果,热评第一是,这样真的不会猝死吗?热评第二是,她还活着,就是赢家;她要是死了,就是哀家。还有一位读者直接评论说,建议你不要这样误导大家。

我很欣慰,原来还是有清醒的读者的。

网络上,经常看到这样的招聘启事——我们是创业公司,热诚欢迎不怕累、不怕死、一起熬夜到天亮的小伙伴。听上去,"不怕死""熬夜"似乎都是很酷炫的事情,如果我怕死,我熬不了夜,就应该被钉在历史的耻辱柱上。

呵呵,不以为耻,反以为荣。

是的,在这世上,做任何一件事,你努力就够了,不必拼命,你坚持就够了,无须咬牙。努力不等于拼命,坚持不一定咬牙,你拼命努力,有可能真的会拼掉命,你咬牙坚持,也许真的会咬掉牙。

为什么非要把自己搞得一副苦大仇深的样子?

你们都去拼命吧,我还想好好活着,做喜欢的事,爱喜欢的人。

对得起时间，对得起自己

你有英雄梦想，也请尊重我平凡的生活

端午小长假结束，在回京的火车上，目睹了一场闹剧。

妇女 A 和 B 都是自来熟，完全陌生的旅人也可以聊得像自家人一样。两人刚巧坐了个斜对面，话匣子一打开，就关不上了。你问一句我答一句，或者，你问半句我就抢答了，瞬间有种棋逢对手的感觉。

A 侧了侧身子，正襟危坐问道："你去北京干啥啊？"

B 笑笑说："还能干啥？打工呗。"

A 摆出一副主治医师的架势，拿出解剖刀，帮 B 分析："打工不如创业啊，你再努力也不过是为别人拼命，不如自己做个小生意什么的。"

B 打断她的话，一脸的自得其乐："我倒觉得打工挺好的，打一天工，领一天工资，没什么风险。"

A 嬉笑着说:"我看你年纪跟我差不多,脑子里怎么还是老思想?对了,你几个孩子?"

似乎以防她继续追问,B 一连串回道:"两个孩子,大的是女儿,21 岁了,在北京打工,小的是儿子,9 岁了,在家上小学。"

A 蹙起眉头,一副忧国忧民的语气说:"生一个女儿就行了呗,后面又生一个儿子,一个农村家庭供养两个孩子,能教育好吗?不仅教育不好,而且还会影响自己的生活质量。"

B 显然按捺不住了,言语间开始有了针锋相对的意味:"你只考虑自己过得舒服,不想想日后孩子的负担有多重,一个孩子养两个老人,连个搭把手的人都没有,在农村啊,不养个儿子还是不行,女儿出嫁了,再没有儿子,将来老了谁来养?"

A 翻翻白眼,不屑地说:"都像你一样,只想着生儿子,国家就灭亡了。"

B 同样不示弱,反唇相讥道:"都像你一样,只生女儿,国家也会灭亡的。"

这对话真是越听越来气。讲真,要不是 A 坐了两站路下车了,我恐怕会横插一杠子,为 B 主持主持公道了。

你乐意创业你去创,我就喜欢打工怎么了?你觉得生一个孩子好,我就不能生两个孩子了?你是与时俱进的新时代人才,可我就想做个小人物抱残守缺，有什么问题？你满脸的优越感，摆出一副改造我的架势，真是 low 到家了。

世上很多问题都没有标准答案，每个人都有每个人的活法，你没有任何资格去指导别人的生活。创业自由，但艰辛，创业或许会一夜暴富，也可能血本无归；工作不自由，但稳定，工作一辈子也赚不了大钱，但能维持生计，满足温饱所需。同样对一个家庭来说，一个孩子享受到的教育肯定比两个孩子优质，但一个孩子成长过程中的孤独感也比两个孩子强烈，同时，独生子女的家庭负担重，也是不言而喻的。一枚硬币，你喜欢正面，也别剥夺我喜欢反面的权利，好吗？生活从来没有固定的模式，适合自己的生活，就是好的生活。

就整个社会的发展态势来看，你的思想或许是先进的，而我的相对滞后；在社会这个大舞台上，你是光芒万丈的主角，而我是默默无闻的配角，甚至是不起眼的边角料，你有你伟大的英雄梦想，而我只想过自己的平凡生活。我们理应互不打扰，各取所需，尊重彼此不同的生活方式。

我的发小阿鹏，初中毕业就辍学务农了，在老家经营了一个小卖部，同时，又在小卖部后面开了一个垂钓园，每小时十元，不为赚钱，只为农闲时节乡亲们有个玩乐的好去处。

假期回家，免不了要去阿鹏的小卖部给家人买些东西，同时,许久不见了,也找阿鹏叙叙旧。刚一进门,阿鹏就酸我:"你小子如今发达了啊,研究生毕业,在首都北京工作,我刚才还琢磨怎么一道光闪进来,原来是你来了,那个词怎么说来着,蓬荜生辉,对对,蓬荜生辉。""生哪门子的辉,我看,反倒是你这个小卖部生辉,生意不错嘛。"望着一屋子的顾客,我对他说。"还凑合吧,凑合。"阿鹏嘻嘻笑了,眯起来的眼睛里,难掩幸福的神色。

我当然明白,阿鹏只是说笑,那是他一贯的风格。他从未羡慕过我,也从未羡慕过任何人,只是沉默地过着自己平凡的生活。那种生活里,有属于他自己的小确幸。周围那么多村子,每个村子都有两三家小卖部,唯独他这一家生意最红火,为什么?他总是将商品的价格降到自己能够承受的最低限度,本着"方便群众第一,自己赚钱第二"的原则去经营,且服务态度良好,每个走进小卖部的人,都感觉像进了自己家一样,如沐春风,暖意融融。

说起来,我和阿鹏一块儿光屁股长大,度过了天真烂漫的童年,背着"鹅鹅鹅,曲项向天歌"念过小学,情窦初开的初中年代,一起暗恋过隔壁班娇羞的女孩。如今,阿鹏成家了,立业了,做了爸爸,一双儿女一个比一个可爱,妻子淳朴良善,勤于持家。在这个浩瀚的世界里,阿鹏一家渺小得如一粒尘埃,但在这个尘埃里,却有他自己的王国。

一次醉酒后,阿鹏告诉我,他骨子里就是属于农村的,他愿意一辈子都像个孩子那样匍匐在乡野里。我想,我是懂得阿鹏的。还记得多年前的一个夏天,我和阿鹏一起去村头的小河边钓鱼,钓着钓着,他突然消失了,四处寻下来,才发现他竟躺在草丛里睡着了,夕阳的光芒透过草叶洒在他脸上,那一刻,他定然做着一个美梦吧。

每天清晨,当我在北京挤着早高峰地铁去上班的时候,千里之外,老家的阿鹏正"嘟嘟嘟"地开着他的三轮小摩托去县城取货,妻子则轻手轻脚地开始做早点,床上一对儿女静静酣睡着。梦想高贵,平凡生活也自有光辉。

这是一个被打了鸡血的年代,似乎每个年轻人都在讲努力奋斗的意义,不乏某些人将梦想高高扬起,像一面迎风飘荡的旗帜那样,昭示着自己的卓越,展现着自己的不凡,甚至以英雄之姿,俯瞰芸芸众生。人生路上,每个人都在争着往前跑,那些掉队的人,似乎就是社会的 loser,时代的弃儿。

我不否认努力奋斗的意义,不否认梦想的重要性,尤其对一个年轻人来说,广阔天地,大有作为。但我同样尊重一个人想过平凡生活的意愿,甚至欣赏那些默默无闻地在自己的小天地里耕耘的人,一亩三分地,也可以过得活色生香。

只要找准自己的位置,就不枉来人世走一遭。

想你是真的，想忘了你也是真的

1

周末看《中国新歌声》，听到有选手唱阿妹的《三月》，不晓得为什么，听着听着我就哭了，一个人在空旷的房间里哭到颤抖，最后不得不强行关掉节目，自己给自己擦眼泪。

印象中，我似乎很多年都没有哭过了。为一首歌而哭，更是少有。

有什么好哭的呢？像我这样一个人，衣食无忧，小有积蓄，父母健在，知己两三，虽说身在北京，却没有吃过"北漂"的苦，没住过地下室，没饿过肚子，实在没有伤心的必要。

哭完就觉得自己矫情。

看完节目已是深夜十二点，洗漱完毕，就睡下了。

然后，梦里我就遇见了他。时间、地点、事由都忘却了，只记得四目相对时内心的愉悦。似乎什么也没有说，什么也不必说，见到了，就很开心。宛如一个智障，有一种空茫茫的快乐。

姐姐打来电话的时候，大梦正酣。我说："我正做梦呢。"她说："好梦还是噩梦？"我说："好梦。"她说："那我挂了，你接着做。"

梦是续不上的，人也是留不住的。和姐姐通完电话，我起身给自己倒了一杯水，拉开窗帘，生活一如往常。

2

人们常说，梦里梦到的人，醒来就要去见他。

可是，在许多人的一生里，注定会有那么一些人，纵然时时梦见，却不能见面。只能遥远地想着他，念着他，靠打探他的消息耗尽余生。

你还记不记得这是第几次翻他的微博？也没有什么缘由，就是下意识去做了。唔，上个月他一共发了六条微博，一条是考驾照，一条是买了新手机，一条是拍的风景图，图四是一个娇小的女生在空中跳跃，一条是……你在考驾照的那条微博下点了一个赞，很快又取消了。

他的全民 K 歌已经好几个月没有登陆了，录制完成的三首歌分别是《爱你等于爱自己》《六月的雨》《with or without you》,你点了收藏,来来回回不知听了多少遍,上班路上,逛超市的路上,做饭的间隙,深夜无眠的时分。昨晚你突然发现他又录了一首《忘记时间》,只唱了两句,你在评论区打了一行字,又删掉了。

你没有他的微信,但记得他的QQ,你常常会通过QQ去搜他的微信,就那么默默地。前阵子他的签名是"思想的巨人,行动的矮子"。这会儿改成了"被风吹过的夏天"。有次手一抖,你不小心加了他的微信,一晚上都没有睡着。

3

就是这样的。

你不想打扰他的生活,但又忍不住去打探他的生活。你不想让他知道你喜欢他,但的的确确喜欢他,放不下他。有时候,你以为自己已经忘记了他,似乎他从未出现在这个世界上,而另一些时候,你又想起了他,想起他温暖的手掌,想起他微笑的样子,想起他的白牙齿,想得心绞痛。

像许多人一样,你也试着去恋爱,试着寻找另一种可能。可是,每当恋情发展到谈婚论嫁的地步,你就退出了。心里总有一个声音恍恍惚惚地告诉你,不是他,不是他。你不想带着另一个人的影子和这一个人交往,你不想躺在一个人的身边,心里想着另一个人。

于是,你又恢复了单身,和朋友聊着聊着天,就自嘲"单身狗"。工作的时候,忙着工作,不工作的时候,宅在家里,看书,写字,追剧,等着想起他,等着忘记他。

这样的日子,说不上快乐,也说不上不快乐。

身边陆续有人开始给你介绍对象,爸妈更是一天打十个电话过来,"你别挑了,差不多得了"。他们哪里知道,你不是挑,你只是不想自欺欺人。

"心里有座坟,葬着未亡人。"

4

忘记一个人需要多久?也许一个月,也许一年,也许……一辈子。

南康说,很多时候,不是愿意等下去,而是不得不等下去——知道能让自己这样喜欢着的人,这辈子都不会遇到第二个了。

张爱玲在《爱》里写,女人被亲眷拐了,卖到他乡外县去做妾,又几次三番地被转卖,经过无数的惊险的风波,老了的时候她还记得从前那一回事,常常说起,在那春天的晚上,在后门口的桃树下,那年轻人。

是的，想你是真的，想忘了你也是真的。在想念和遗忘的角力中，许多时光就那么过去了。像风吹过林梢，什么也不会留下。

我爱你的时光，你都在爱别人。

认真生活，是我们对故人最好的怀缅

1

人生中第一次面对死亡，是高三那年冬天。

一个夜晚，我和母亲深一脚浅一脚地踩着积雪去看望姥爷。那天的雪真大啊，大得看不出哪里是路，哪里是田野，宛如走在虚空混沌中。母亲一言不发，默默赶路，我紧紧相跟着。日后回想起来，彼时彼刻，真有种世界末日的况味，诡异、肃杀。

仿若走了一个世纪那么久，终于到姥爷家了，终于到姥爷床边了。我叫了一声"姥爷"，姥爷不说话，我又叫了一声"姥爷"，姥爷不说话，一颗大大的眼泪从他左眼角流了下来。

是的，彼时，姥爷已经不能讲话了。我们坐在旁边，默默陪了他一宿。

天亮的时候,不知怎么回事,姥爷突然开口了,虽口齿不清,但讲话的欲望非常强烈。母亲附在他身旁,一字一句向我转述,姥爷说,床褥子下藏了300块钱,等我考上大学,就给我做路费。

第二天中午,姥爷就走了。

那300块钱,我一直带在身上,带了许多年。我知道,这一生,姥爷都会在冥冥中眷顾我。我活得好好的,学习、工作,一天比一天有进步,就是对他最好的告慰。

2

母亲的首饰盒里,有一只翡翠手镯,印象中,她从未戴过。只在阳光和暖的午后,偶尔拿出来,把玩一番,又再度放回盒子里。我小时候,那只首饰盒总是放在高高的衣橱上,颇添了一丝神秘感。

等我长大后,母亲才将背后的故事细细道来。

母亲小时候,曾有一段时间,寄住在姑妈家。姑妈没有子嗣,待母亲视如己出。姑妈最喜欢给母亲扎辫子,变着法儿地扎,红头绳绿头绳,买了一条又一条。那是她表达宠溺的最好方式。

母亲说,儿时印象最深的场景,就是坐在院子里,姑妈给她扎辫子,她望着镜中的自己,咿咿呀呀地哼唱不知从哪儿学来的歌谣。不知何时,夕阳的余晖就洒了满地。

不觉间，母亲就长成了十五六岁的大姑娘。一年春天，去姑妈家走亲戚，临别时刻，她从抽屉里拿出一只手镯交与母亲，说希望我娃儿嫁个好人家，一辈子吃穿不愁，万一哪天她不在了，就看看镯子，记得要好好活着，活出个样子。

一语成谶。不到半年，姑妈就突发脑溢血去世了。

母亲今年已54岁。54岁的她，没有了24岁的容颜，却依然有着24岁的精神头儿，对这个世界充满了好奇心，对任何事情依然有着"推倒重来"的勇气。

母亲常常说："活着的人，怎么能让死去的人失望呢？"

3

前段时间，圈内一位作者去世了。刚满32岁。

她患了一种很复杂的病，治愈的概率非常低，一年至少有大半年的时间，都要在医院度过。尤其近年来，病情危急的时刻，一度被送进重症监护室，病危通知单下了好几次。

16岁到31岁，整整十五年，每一次危机都挺了过来。所以，年初的时候，她在微博上说，有可能等不及春天了，大家也都不以为意。

谁料到……

噩耗传来，作者群一片唏嘘，纷纷表达不舍之情。当然，最痛的,还是她的母亲,那个给了她生命又眼睁睁看她离去的女人。

可是,她却比大家想象的都要坚强、达观。

她专门注册了微博,记录女儿离世后自己的生活——

宝贝女儿走的时候说:"妈妈,不要哭。"好,妈妈不哭。

宝贝女儿一生最爱旅行,妈妈背着你(骨灰)出来旅行了,这里的空气还好吗?

宝贝女儿,今天是情人节,妈妈第一次收到爸爸送的花,很开心。

……

令人动容的是,业余时间,她也开始阅读、写作。用她的话说,要把女儿丢掉的笔重新捡起来,一笔一画,替她走完未竟的路。

4

史铁生的小说《奶奶的星星》里,奶奶说:"地上死一个人,天上就多了一颗星星,给走夜道的人照个亮儿。"

你信吗?我信。

逝去的故人,一定在世界的某个角落,以另一种形式守护着我们,而我们对他们最好的怀缅,就是认真生活,好好生活。

沉湎于伤痛很容易,咬紧牙关去生活却很难。一个人如何面对死亡，接受亲人的离去，是我们人生的必修课。

每一个活着的人身上，都承载了故人的寄托。我们活着，不单单是为自己活着，还有另一半的身体在替他们活着。我们每翻过一次山，他们就流一次汗，每涉过一次水，他们就打湿一次衣襟，同样地，每一次裹足不前，背后的他们，其实都在扼腕长叹。

如此，我们怎能辜负？不能。

清明又至，希望我为你流下的泪，除了寄托哀思，还有另一层意思，喜极而泣。看，今年的我，比之去年，又向前迈进了一步，今年的我，将去年的我远远地甩在了身后。亲爱的你、你们，为我开心吗？

纸烧完，蜡燃尽，眼泪洒在今夜。明日又明日，天涯茫茫，吾当继续提灯前行。愿来年叙旧之时，也是我载誉而归之日。

我的妈妈是个名副其实的"心机女"

1

妈妈要来北京看我,这是计划了近两年的事情,终于成行。

来之前,我苦口婆心劝她说:"你就带上身份证好了,别的都不用,这儿啥都有。"

她点头如捣蒜:"好的,好的。"

妈妈从小不听话,姥爷说得果然没错。去车站接她,我左等右等,几乎所有的乘客都出来了,才看到她慢吞吞地移动过来,背着锅碗瓢盆,提着大包小裹,像一座山丘那样移动了过来。

那一刻,我真想"翻脸不认妈",扭头就走啊。

有这么坑儿子的吗?你说,我这是接妈,还是接行李?从车站到我住的地方,要换三次地铁,足足两个小时,好容易休一次年假，成心累死我是吧？

接过她手中的行李，我没好气地说："还吃饭吗？"

她笑笑说："不用，回到你住的地儿，我给你做，好久没吃妈做的饭了吧？"

呵呵。我心里冷笑两声。少打感情牌，不吃正好，我也气饱了。

终于到家了。她打开行李箱，一一往外拿东西：

这是十个烧饼，你不是最爱吃老家的烧饼吗？

这是两斤香油，大城市卖的香油不正宗，没咱家的香。

这是两个盘子、两个碗，听你说北京的碗一个就要二十几块，我在家买的才两块。

这是牙刷，家里有，我就带来了，免得你再去买。

这是一条被子，晚上我盖，你这儿不是就一条吗？

这是一个被套，给你冬天的时候用，记得你说这种"毛毯被套"最舒服了。

……

我立在原地，一时哑口无言。

2

带妈妈去影院看电影，《金刚·骷髅岛》正热映。

活到54岁，这是她第一次正式来电影院，看到什么都新奇。

刚到影院门口,她就羞赧地对我说:"你给我拍个照好吗?把影院的名字拍进去啊。"

真没见识。我掏出手机给她拍照,"一、二、三",喊到"三"的时候,她突然笑意盈盈做了个"V"的手势。切,这老太太,还挺新潮。

我去买饮料和爆米花,问她:"要什么牌子的饮料,爆米花小桶还是大桶?"她紧紧拽着我的胳膊不让去:"在家吃得饱饱的,还吃它干啥?反正我不要,你要的话,自己买一份吧。"

好吧,不买就不买吧。眼看电影要检票了,我拉着妈妈去入口排队。

轮到我们的时候,工作人员一人给发了一副眼镜,3D 嘛。妈妈眼睛一亮,附在我耳朵上说:"这是赠送的吗?家里刚好缺一副眼镜哦,上次给你爸纳鞋底,都看不到针线了。"我白了她一眼,懒得理她。

找到我们的位子,刚坐下。像变戏法那样,她从包里左摸右摸掏出一瓶饮料,递给我:"喏,这是你小时候最爱喝的'小香槟',还记得不?多少年没喝了,来之前去县城赶集,我找了好多地方才买到的。"

黑暗中,不晓得为什么,我突然鼻子酸酸的。

3

第二天,去便宜坊吃烤鸭。

去之前,妈妈小心翼翼问我:"那里的烤鸭老贵了吧?咱们还是不要吃了吧?又不是没吃过,家里十八块钱一只,上个月我跟你姐刚吃过。"

我说:"贵不到哪儿去,好容易来趟北京,街坊邻里都知道你到儿子这儿享福了,连烤鸭都不请你吃,我丢不起这个人,你要为我考虑一下吧?"

"那好吧。"妈妈不情不愿地答应了。

去到烤鸭店,一坐下,她就大呼小叫:"天哪,这里也太好了吧。你看,有师傅当场切鸭子耶;你看,头上的吊灯,这得废了多大工夫才装上的呀。"

我蹙紧了眉头,摆摆手,示意她小点儿声。

她沉下声音,窃笑着对我说:"儿子呀,我发现了,这个地方,就你妈一个人是农村的。你看看人家,哪一个不是有钱人,穿着西服打着领带?咱们整个村也没几个人来过,你大姨、二姨都没来过,哈哈哈。"

我撇了撇嘴,没理她。

烤鸭上桌了,我拿起筷子,刚要夹,被妈妈拦住了:"别动,你先拍个照啊,拍好了传给你姐,到时让家里人看看。"

我只好象征性地拍了个照。她又说:"手机你先别收起来,待会儿我吃的时候,给我拍个视频,你看我头发乱不乱,要不要去卫生间整理一下啊?"

"刘大美女,给你去美容店做个美容得了,还整理。"我嫌弃地别过脸去。

她嘿嘿笑了,像个犯了错的小孩子。

吃到中途,妈妈突然说:"不行了,不行了,我要上厕所。"我齉齉鼻子,指了指卫生间的方向,她去了。

酒足饭饱,我去收银台结账。服务生说:"刚才有个妇女结过了。"

好,很好。老刘啊老刘,阴谋诡计还挺多,可以去宫斗了呢。

4

去的第一个景点,是故宫。到了那儿已经中午了,我说:"妈妈你等在门口,我先去买票。"妈妈找了个地方,坐下来。

排队的人真不少,左等右等,终于买上了票。回到妈妈身边,发现她正吃着什么东西,还有点避嫌似的,吃得很小声,脚下呢,放着一盒牛奶。我定睛一看,天哪,这不是我去年"双十一"买来已经过期的牛奶吗?

我拿起牛奶就要丢进垃圾桶,迟了,盒子已经空了。我厉声对妈妈说:"你吃的什么?该不会是饼干吧?早跟你说过了,牛奶饼干都过期了,打算扔掉的,你吃出问题怎么办?到时还要给你看病,我可没钱啊。"

被拆穿了,妈妈歉疚地笑着说:"哎呀,没事的,咱们老家人哪有注意过什么过期不过期的,还不是照样吃了喝了?你放心,一定没事。再说,故宫那么大,咱们逛一圈天就黑了,哪有地儿吃饭嘛。"

吃了就吃了,我也没办法。看着空空如也的塑料袋,我无奈地对她说:"你是吃饱了,那我吃什么呀?"

"这里,这里。"妈妈放下挎包,打开来,喜上眉梢地说,"你瞧,两个苹果,三根香蕉,还有一大罐酸奶,昨儿个我就给你准备好了。"

阳光下,看着她雀跃的样子,不知道为什么,我突然很想哭。

那箱过期的牛奶,和半袋过期的饼干,在我准备丢出去之前,还是被她吃光了,喝光了。我藏了十八个地方,她找了十八个地方。

姥姥一定记错了吧,就我妈这尿性,她应该是属鼠的才对啊。

5

白天出去玩,晚上在家写作。我有一个习惯,写作的时候,身边不能有人,就算对方不说话也不行。所以,一般来讲,都是我在客厅写作,妈妈在卧室休息。

一天晚上,正打算写作,妈妈对我说:"我出去转一转,在旁边的广场遛遛弯,平时在家遛弯习惯了,不活动一下就不舒服,你别担心,我认得路。""好好好。"我连连应着,也没多想。

约莫一小时后,有人敲门。妈妈回来了,提了一大塑料袋的东西,气喘吁吁的。我住六楼,没有电梯,平时没什么事,连我都很少下去。

我刚要发怒,她就打断了我:"出去遛弯,旁边刚好有个超市,最近香椿刚刚上市,馋得我呦,直流口水,你个熊孩子也不知道给你妈买。还有小芒果,金黄金黄的,你忘以前我最喜欢吃这种水果了吗?还有里脊肉,里脊炒蒜薹我好一阵儿没吃过了,你不孝敬我,反正我有钱,自己花……"

一瞬间,冰箱塞满了,结结实实的,险些关不上门。

第二天早晨,餐桌上,我最爱的香椿炒蛋赫然在目。妈妈说,"我已经吃饱了,那是给你留的,我一气儿炒了八个蛋,哎哟,可把我撑坏了。"

说完她就去拖地了,一边拖一边絮絮说着:"人老了啊,就要多活动,拖地有益健康。"

我抽抽鼻子，没忍心拆穿她。

6

从四月二日到四月十日，妈妈住了九天，四月十一日，她要回老家了。

早晨九点四十三分的车，怕耽误了，潦草地吃了一顿泡面，我们就上路了。一路上，妈妈都在说："你不要送我嘛，给我讲一下怎么坐就好了呀，害你休息不好。""给你讲一下就好？你要真那么聪明，来的时候，不该让我接呀。""呦，长大了，瞧不起你妈了呀，你等着，下次端午节放假，回到家我一准削你，你奶的拐棍还在墙上立着呢。"

到站了，换过纸质车票，妈妈进站了。我突然想起车票上没写候车室，就赶紧问了入口处的工作人员，给妈妈打去了电话："妈啊，你在六号候车室，六号。""什么？我听不见。"电话那头传来喧扰的声音。"你回去吧，甭担心我，你老妈一个人能行。"

我一个人回去了，默默地。不晓得为什么坐错了站，转了六趟车才到家。家里空空的，妈妈来过，又走了。一整天，我都不知道要做些什么好。

六七个小时的车程，妈妈到家了，一下火车，她就给我打来了电话。

"你电脑下面的抽屉里,我给你塞了一千块钱,儿呀,一个人在北京,妈妈照顾不到你,别不舍得花钱。"

我握着电话,双手紧紧握着,终于,落下泪来。

老刘啊老刘,真是防不胜防,到最后,又给我来了一招。

7

是的,我的妈妈,是个名副其实的"心机女"。

她给我的爱,永远要比我给她的,多得多。

这辈子,我注定斗不过她。

不戳别人的痛处，是一种教养

1

万众期待下，年末，王菲如约在上海举办了自己的演唱会。

然后，"龚琳娜评价王菲"的消息就上了微博热搜。她是这样说的，"昨晚看了这个，我很难过。音色丢了，气息没了，音准走了……唱歌好不好与过去的成绩无关，与今天的感冒无关，与是不是坚持不懈的专注和努力有关"。

接着，龚琳娜的老公，据说是什么德国著名音乐人老锣，又专门发了一篇名为《明星会过气，艺术会永存》的文章来批评王菲，直言"王菲只不过是想要利用自己的名声赚钱罢了"。

这妇唱夫随、比翼双飞的，真想给他们鼓个掌啊。

对于这场演唱会，我无意为王菲申辩，总体上讲，她的状态确实不如以前。龚老师所言非虚,字里行间也看不出任何嘲讽的意思。就像许多网友说的,"她说的是实话","她只是实话实说而已"。

但是,罔顾对方心情,不分场合,不看时间,任由自己实话实说,就是没教养。尤其对一个活了大半辈子的成年人,一个被誉为"殿堂级"的"音乐家"来说,更是如此。

我们都看在眼里,听在心里,不是只有您自己练就了火眼金睛。何况事已至此,无法挽回,王菲应该比任何一个人都难过,您又何必往伤口上撒盐呢?

要知道,不戳别人的痛处,是一种教养。

2

有句话说得好:人生已经如此的艰难,有些事情就不要再拆穿。

街边看到一个瘸子,不要告诉人家"你走路不方便"。
明知道对方是哑巴,就不要再追问"你为什么不说话"。
一个人长得矮,没必要问候一句"你是不是患了侏儒症"。
同学期末考试不及格,不需要你跑来宣布"喂,你考砸了"。
朋友网购的衣服破了洞,不需要你反问"这买的什么东西"。
同事被老板骂了,你何必逮个人就窃窃私语"你不知道他被骂得有多惨"。

墙倒众人推,树倒猢狲散,落井下石最简单。当别人深陷低谷时,你的一言一行,最见教养。

你以为自己是客观评价,不温不火,听在别人心里,却刀刀见血。你以为自己不过说了句实话,而正是实话,才伤人。

做人做事,多一些同理心,不逞口舌之快,我们都应该牢记。

3

从小到大被别人揭短,是怎样一种体验?

我深有体会。

念小学的时候,偏科严重,语文考八十多分的话,数学只能考四五十分。每次去邻居家做客,他都会这么和我打招呼:"瘸腿来了?瘸腿来了吗?哈哈哈。"笑得一脸横肉。

在我年幼的记忆里,很长一段时间,都不敢往他家里去。在我心里,他的房子,阴森得如同一座坟冢。也是他,第一次让我懂得了"皮笑肉不笑"是怎样一种概念。

读初中的时候,和同龄人相比,个子矮,班里的同学给我取诨号"离天高",最初有几个人叫,我反驳两句,也就算了。可是有一天,正上语文课,老师叫几位同学站起来朗读课文,刚好抽到了我。不知什么时候,诨号传到了他耳朵里,他也嬉笑着，跟别人一样叫了出来。顿时，整个班级里炸开了锅，有些同学险些笑翻在桌子底下。

或许，我的孤独感，就是从那一刻培养出来的。害怕人群，恐惧热闹，只喜欢一个人，低着头，沿着墙根慢慢走。

高考那年，落榜了，心里不服气，想再读一年。一天下午，当我骑上单车，带着父母的血汗钱去县城复读的时候，路过一位街坊的门口，他轻轻地笑着问我："你又没考上吗？"

多么温暖的问候。以至于，日后的许多年里，我都背负着一种屈辱在生活。

4

在"龚琳娜评价王菲"的微博下面，最令人不解的是，只要有菲迷反驳，就会有网友丢出这么三个字——玻璃心。

"人家就是说句实话嘛，你们也太容易受伤了吧？"

呵呵。这是一种什么逻辑呢？我来给大家捋一捋——

一个人骂了你，你哭了，他怪你心理素质不好。

一个人打了你，你倒下了，他怪你身体太单薄。

一个人杀了你全家，你提刀去复仇，他怪你心胸狭隘、小肚鸡肠，冤冤相报何时了。

总之啊，错都在对方，无辜的总是自己。

生活中，太多人喜欢说这句话了——我就是说句实话嘛。一副坦诚的、纯真的、无辜的嘴脸。

殊不知你的云淡风轻，给别人造成了多大的伤害。

我们经常谈起教养，什么是教养？不戳别人的痛处，就是一种教养。

你明知道我受伤了，还偏偏跑来撕开伤口给别人看，安的哪门子心？

Part6
你有英雄梦想，也请尊重我平凡的生活

为什么读了"鸡汤"，精神两三天，接下来又蔫了？

不断有读者向我表达这么一个困惑，大意是，为什么读了"鸡汤"，精神两三天，接下来又蔫了？依然迷茫，依然无所适从。那么，我就专门写篇文章，讲讲自己的看法。传道解惑不敢当，但或许可供你参考一二。

首先，确定自己的兴趣点，找到自己喜欢做的事情。

如果你是一个方向明晰的人，知道自己喜欢什么，不喜欢什么，这点可以略过不看。问题是，这世上有一些人其实不知道自己喜欢什么，这是很多人迷茫的根源，也是读了"鸡汤"依然无效的原因。你不知道自己喜欢做什么，脑海中没有一个目标，那么，纵使读完世间所有的"鸡汤"，依然没有用，就像你开车奔赴远方，加满了油，不知道远方在哪儿，那你只能踟蹰不前。

如何确定自己的兴趣点？多多尝试，多多做事，别怕犯错。在《像我这样笨拙地生活》中，作家廖一梅提出过一种"试错"的人生观，具体而言就是，当你不明白自己的兴趣点，当你不知道自己的人生路应该怎么走的时候，就多走走，这条路不行，换另外一条，另一条不行，再换一条，到最后，试错试多了，你总会试对的。

听起来，这种方法特别笨拙，效率特别低，尤其是在当今这个什么都讲究快的时代，更加行不通。其实不然。怎么说呢？纵使你尝试了十件事，选择了十条路，依然没找到自己的兴趣点，那又怎样？你的尝试，你的选择，归根结底都是一种阅历，在你的人生里沉淀了下来，对日后的生活定将有所裨益，即使没有在具体的事情上帮助到你，对你的精神，对你的意志，都是一种锤炼。再说，找寻自己的兴趣点，远远不需要那么久，或许你做的第一件事，走的第一条路，你就爱上了也说不定。

关键是，你要去做事，步子要迈出去。是的，纵使确定了自己的兴趣点，也要做个果敢的行动派，举个不太恰当的例子，最近大家都在追韩剧《太阳的后裔》，你不打开看一下，永远不知道自己喜欢不喜欢。

如果你找到了自己的兴趣点，并将它发展为一种职业，甚至一项事业，那么，恭喜你，你是一个幸运的人、一个幸福的人，

Part6 你有英雄梦想，也请尊重我平凡的生活

是的，这世上再没有比把工作和爱好结合起来更幸福的事了。但或许，大部分人都没那么幸运，都不喜欢自己的工作，那么，你就在业余时间多多培养自己的爱好，有了一种或几种爱好的陶冶，你工作起来也不至那么焦躁，乃至厌恶了。

兴趣是最好的"鸡汤"，找到它，喝下它，滋补你的人生。

其次，制订计划，按部就班做自己喜欢的事。

村上春树有句名言，在网络上广为传颂——喜欢自然可以坚持，不喜欢怎么也长久不了。后半句毋庸置疑，至于前半句，我持怀疑态度。喜欢是一回事，坚持是另一回事，喜欢的事，你并不一定能坚持做下去，事实上，大多数人都坚持不下去，这世上多的是三天打鱼两天晒网的人。

就像你喜欢跑步，因为工作，因为家庭，因为心情的原因，因为各种各样的原因，一年到头也没有跑过几次，但你内心还是喜欢跑的，只是没有坚持而已。新概念作文大赛举办至今，每一年都有那么多的获奖者，为什么现在提起代表性作家，大家想起的还是韩寒、郭敬明、张悦然等少数的几个？因为他们坚持了下来，笔耕不辍，对于那些没有坚持下来的人，你能否定他们对文学的喜欢吗？不能。

所以，喜欢并不能说明什么，喜欢本身并不能起到多大的作用。喜欢一件事，还要想想怎么坚持做下去，坚持是需要策

略的。

这个策略是什么？就是制订计划，按部就班地往下走。现在很多人不是都喜欢写年度计划么？譬如去西藏旅行一次啊，譬如考取英语四六级啊，譬如出一本书啊，等等。有些人还喜欢写日常安排，条分缕析一如中学时期的课程表，几点到几点做这个，几点到几点做那个，之类。你可以选择写下来，也可以不写，做到心中有数就够了。只是，有一点你需要明确，不管是年度计划还是日常安排，尤其是后者，不要太过苛求，要学会灵活变通。比如你原计划晚上八点健身，但因为临时有事要推迟到八点半，甚至第二天，你不要因此焦虑，觉得完美的计划被打乱了，从而影响以后的计划。切记，这世上没有任何一件事情可以做到尽善尽美，我们只能做到尽力。

一旦你坚持了一段时间——有人说这个"一段时间"是21天，我看不一定，也许有人是21天，也许有人是31天，也许有人是91天，你就会养成一种习惯，从而使这种坚持变得自然而然，想半途而废都有点难。每到要做事的那个点儿，便会有一种类似生物钟的东西在你心里敲响，你不做就焦虑难安，食不下咽，精神空虚，亟待填补。而你做了呢，就会神清气爽，吃嘛嘛香。

喜欢一件事，并能坚持做下去，你已经成功了一大半。

再次，找到组织，和战友并肩往前走。

杨熹文有篇文章叫《去接近一个充满正能量的人》，说得特别在理。环境对一个人的影响不容小觑，你活在一个积极向上的氛围中，周遭都是充满正能量的人，你自然而然会受到影响，别人都很勤奋，只有你一个人懒散，这种懒散就会变成一种耻辱，无形中鞭策着你做出改变。相反，如果你周围都是混吃等死的人，那么，久而久之，你就会觉得混吃等死理所当然。

同理，说到坚持，你最好能找到组织，和组织里的战友们并肩往前走。如果你喜欢跑步，那不妨加一下小区附近的跑步群，和群里的小伙伴们互相监督，他起迟了，你叫他一下，你晚到了，他给你打一个电话；如果你喜欢苗条的身材，立志减肥，那不妨从身边的朋友、同事，乃至闺密中找起，大家一起节食、运动、锻炼，做彼此的榜样。找到组织，长此以往，不仅有利于你更好地坚持下去，而且，你还能感受到一种并肩作战的快乐。

十一二岁的时候，我就明确感应到自己喜欢写作，但十多年过去了，我并未把这个喜欢很好地坚持下来，写作一直断断续续。直到最近被拉进一个写作群，里面驻扎着各种勤奋的大神，各种拼，有的人出了好几本书了，依然坚持每天写作，有的人一边写杂志专栏，一边写公众号，一天写十个小时写到颈椎疼，还是坚持，耳濡目染，我开始有意识地勤奋起来。因为大家都在坚持，你不坚持，就会成为一种尴尬的存在，那种火烧眉毛的逼迫感，特别强烈。

你不逼自己一把，永远不知道自己几斤几两。都说人的潜力是无限的，而生命是有限的，你还不赶紧挖掘？而找到组织，你就找到了一个渠道，找到了一把挖掘的铁锹。

最后，每个人的一生，都要自己摸索前行。没有普世的《人生成功法则》，鸡汤只能滋补，不能治病。你之所以读了"鸡汤"，精神两三天，接下来就蔫了，是因为你犯了懒惰这种病。你听过再多道理，自己不去身体力行，就永远过不好这一生。

我们这一代年轻人，惰性似乎是根深蒂固的。因为是独生子女，在家里，衣来伸手饭来张口；在学校里，一天到晚等着老师灌输；步入社会了，父母离得远，老师不在身边，很多朋友也分隔两地，遇上问题开始迷茫了，手足无措了，读点"鸡汤"就想着一步登天一蹴而就。最好化身孙悟空，一个筋斗翻到目的地，九九八十一难，一难也不想遇上。

可是啊，社会很残酷，也很公平，你想要取得成功，就要学会努力；你想要看到光明，就要摸索前行。上路吧，你读尽世间所有"鸡汤"，也不及自己用行动煲一碗"鸡汤"。

喜欢发朋友圈的人都是宝宝，需要一个拥抱

1

曾有一段时间，我特别喜欢发朋友圈。

一天恨不能发十条、二十条，几乎将我所有的生活暴露无遗。

出去理了一次发，发一条朋友圈，"唉，现在的理发师完全没法交流啊，让他不要剪太短，结果，果然不是太短，头皮清晰可见了"。

出去吃了一碗面，发一条朋友圈，"北京真是混不下去了，一碗面就要二十几块，只见物价涨，工资一动不动，心塞"。

读了一本好书，发一条朋友圈，"严歌苓的新书写得好深情啊，期待电影的上映"。

文章被知名公众号转载，发一条朋友圈，"谢谢转载，好

久没被转过了,开心!"

发完后,像个神经病一样,每隔几分钟,甚至几秒钟,都要刷新一次,看看有没有人点赞、留言。如果没,就好一阵失落。

像个站在舞台中央的孩子,拼了命地表演,演出结束,望眼欲穿地等待观众的掌声。

给个面子,鼓一下掌,好不好?

2

一定有和我一样的人吧,我相信一定有的。

为什么?因为孤独。生理上我们长大了,可心理上还是个孩子。日常生活中,待人接物,我们客客气气,礼貌有加,说着场面话,做着按部就班的事,一旦回到网络上,别人看不到了,就想把面具摘掉,舒舒服服地做一回自己。

大学毕业,来北京以后,我一直都很孤独。只是有时候,不愿意承认罢了。

周一到周五,白天上班,在格子间里一坐就是八小时、九小时,忙着工作。偶尔和同事聊两句,也都是工作上的事情,或者,不痛不痒地聊聊天气、房价,总之,没有一句走心的。

抽空给家里打个电话,都是报喜不报忧。"妈,我挺好的,吃得好,穿得好。""爸,我们涨工资了。"

好容易到了周末，要么洗衣服、拖地，要么一个人出去看电影、逛街。笑和哭都没有人参与。

本来养了两条金鱼，每次投食的时候，都会和它们说两句话。"喂，别抢，多着呢。""嗨，老兄，你美成这样真的好吗？"现在它们也死了。

我自娱自乐地过着自己的小日子，一遍遍给自己洗脑，岁月静好，现世安稳。可频繁发掉的朋友圈还是泄露了秘密，那个秘密，就是孤独。

承认与否，它就在那里。

3

朋友圈就像一个舞台，下面坐满了朋友、同事、家人、编辑、老师、同学等等，有时候，我就想站在台上说两句，你们鼓掌也好，不鼓掌也罢，但别逼我下去，好吗？

是的，总有人抱怨说，"你看她怎么老刷屏，一天发那么多朋友圈，真烦。""你看他，不就是买了一双耐克嘛，有什么好装的？""丫心情不好就发朋友圈，看得我们也跟着郁闷了，就不能自个儿消化嘛。"

从而有人开始屏蔽，开始拉黑，一时间，朋友圈怨怼丛生，血流成河。

很想问一下这些朋友,你当初加好友的时候,是抱着怎样的初衷呢?是不是大家都要按照你发朋友圈的频率来发,才配做你的朋友?要不要你列一下敏感词,只要加了你的好友,什么样的内容,我们就不能发?

某天晚上,我和一个朋友聊天。

他说:"我突然发现,你怎么发了那么多朋友圈。"我说:"孤独。"他说:"发朋友圈也无法排遣孤独。"我说:"我知道啊,没想那么多,想发就发了,仅此而已。"

是的,很多时候,连排遣孤独这个功用我都不奢望了。朋友啊,你点赞、留言,我们说会儿话,我很快乐;你不点赞、不留言,我就当和空气讲了一句话,行不行呢?

容我留一个喘口气的地方,谢谢。

4

喜欢发朋友圈的人都是宝宝,需要一个拥抱。我喜欢给我的朋友们点赞、留言,给他们一个无形的拥抱。"这一生,长路迢遥,点点滴滴,磕磕绊绊,我都懂你,我都在。"

我珍惜每一个还在发朋友圈的朋友,每一个还没有屏蔽我的朋友。

因为啊,总有那么一天,心里的宝宝会长大。我发的朋友圈越来越少了，我的真情实感越来越少了，偶尔发一次，也是工作需要，甚至关闭了朋友圈。你看不到我的动态了，我也看不到你的动态。心血来潮发了一次信息，你问我："好吗？"我说："还好。"我问你："好吗？"你说："还好。"然后，再也找不到话题了。

　　希望到了那一天，曾经讨厌刷屏的你，不要觉得生分才好。

想要建立良好的人际关系,必须记住这一点

1

前阵子,微博上收到一位网友的私信,她说,最近遇上了一些感情问题,能不能和我谈谈。我说可以啊,你尽管发来,有空了我会回复。

当时我刚下班,准备做饭,打算吃完饭,再看她说了些什么。饥饿难耐啊,下班晚,又坐了一个多小时的地铁,回到家,就感觉只剩一张皮了。

吃完饭,刷好碗,打开微博,看到了她的信息——说好的回复呢?你怎么那么高冷啊?你这还没出名呢,就那么高冷,以后出名了还了得?

我一脸懵逼地盯着这行字,五秒钟后,拉黑了她。

Excuse me，我高冷？姐姐，明明是你自私吧？什么是高冷？没有秒回你，就是高冷吗？你有空的时候，允不允许别人没空？咱俩还是陌生人呢，你就道德绑架我，身边的人，还不得被你折腾死？

咱俩啥关系啊？没有秒回，就给我扣帽子了，我就算不回复你，假装没看到，又怎么了？说白了，我没有任何义务回复你，没有任何义务。

想要建立良好的人际关系，必须记住一点，将心比心。你求人帮忙，首先就打扰了对方，好吗？非但不歉疚，还不允许人家没空，理所当然地觉得对方应该即刻施以援手，牛到如此，怎么不上天呢！

2

最近，朋友遇上这么一件事，不能提，一提就来气。

一位公众号小编管他要授权，双勾转载（底部不显示来源的意思）。朋友看了看对方的号，两位数的阅读量。两位数的阅读量，是什么概念？粉丝撑死了几百个。朋友尽量客气、婉转，说，不好意思，您的阅读低，只能单勾。

你猜怎么着？那小编当场就怒了呀。他说："哎哟，没想到你那么势利，人家几百万的大号都给我双勾，你算什么东西？

取关！"

现在求人的都是老子，助人的都是孙子了么？不帮你我就是势利，就是小人，谁给你的这个底气呀？动不动就说"取关"，一副关注了我就是看得起我的样子，我是不是还要拉着你的腿，哭着喊着不让你走啊？

哎呀，真是吓死人了。

也不想想，你两位数的阅读，还来要双勾，我相当于白白给你转载啊。我辛辛苦苦写了一篇文章，凭什么白白转给你，给你制造流量？

你转载别人的文章，为自己谋得了利益，那么，对方呢？有没有想过对方能得到什么？只允许你争取自己的利益，我这边一开口，就是势利鬼？拜托，大哥，不是我势利，是你自私啊。

永远记住，人际关系，如若不能建立在互惠互利的基础上，迟早崩塌。

3

作者群里有一个人，天天拍别人马屁。但凡有人投了稿，她就跳出来"艾特"对方，并连连夸赞，"哎呀，亲写得真好啊，语言流畅，故事精妙""亲的文字真是妙啊，一看就是有功底的人"，云云。听了就令人反胃。

为什么？是她喜欢拍马屁吗？怎么会，哪里有喜欢拍马屁的人？不过想拉拢一下关系，为自己所用罢了。

果不其然，没几天，就看她在群里"艾特"别人，大神，要不要互推啊（公众号互相推荐），不知你能不能看得上我？

听听，这是什么话？"不知你能不能看得上我"，一句话几乎就把对方逼到了无路可退的地步。人家拒绝吧，是看不上你，冷漠、无情；人家答应吧，自个儿吃亏，你那么一点点粉丝，明摆着占人便宜。

想和别人互推，就拿出能和别人互推的资本，粉丝相当，活跃度相仿。难不成，你和别人互推的理由是，你会拍马屁？你用马屁来换别人的粉丝？

谁也不傻，你心里那点儿小九九，一看就穿。大神没理她，过了几天，也就消停了。

这才对嘛。站在对方的角度想一想，这种事，你会理吗？怎么理？你是大神，你也不愿意。

4

这世上，除了血肉至亲，没有人有义务为你做任何事。想要建立良好的人际关系，务必记住一点，将心比心，以心换心。

你让别人跑腿拿快递，下一次，对方有需要，你也为他跑一下腿。

你让别人替你值了一天班,下一次,对方有需要,你也为他值一天。

你让别人帮忙搬家,下一次,对方有需要,你也义不容辞去帮着搬,帮着扛。

同样地,你让别人陪你看电影,他说没空,不要怨憎,想一想,下一次,对方有需要,你一定有空吗?

你对别人怎样,别人才会对你怎样。你施与善意,别人才会以善意待之。你想得到别人的帮助,先看看自己有什么可以帮助到别人的。你只能拿出破铜烂铁,就不要觊觎对方手里的黄金白银。

有人帮你,你感激涕零,无人帮你,你坦然接受。这才是一个人成熟的"交际观"。

后记

"鸡汤"不是用来指导人生的

1

开公众号以来,读者留言中,我最怕听到两种声音。

一种是,你的文章写得真好,太励志了,太"燃"了,给我勇气,予我力量,改变了我的人生。

每每听到有人这么说,我就感到汗颜。一篇文章就能改变你的人生,你也太容易被改变了吧。一篇文章而已,既不当吃,也不当喝,更不能为你找到工作。改变人生这件事,谁也帮不了你,除了你自己。

另一种是,你写的这是什么呀?毁三观,垃圾,误导年轻人。

还是那句话,一篇文章而已,没有那么大力量。二十多岁的人了，还能被误导？我没诱惑你吸毒、嫖娼，也没引导你加入传销组织，只不过，文章所传达的观点和你不一致，或者，和大众不一致罢了。

是的，过誉的话我承受不起，黑锅呢，我也不背。

2

你要明白，"鸡汤"不是拿来指导人生的，它仅仅提供了一种思考人生的方式。"鸡汤"没有现实意义，没有实践价值，你读一读就罢。

我可以列举无数个例子来证明，"鸡汤"所阐述的道理，不过是纸上谈兵。

"帮你是情分，不帮你是本分"，是不是听得耳朵都要起茧了？你觉得这句话对吗？听起来很对，但其实放在现实生活中，往往会让人觉得冷漠、无情。同事让你帮忙，你当然可以抱着"不帮你是本分"的想法，选择不帮，但久而久之，想过没？你在单位的处境就会越来越差。人与人之间，就应该互相帮助，如此，你的人生顺遂了，我的人生也顺遂了。

"对不起，我不过将就的人生"，听起来很酷，但人生并不酷，该将就的时候，就要将就。这句话，马云说起来值得信服，王思聪说起来值得信服，但平凡如我们，还是免了吧。你买不起房子的时候,难道不去将就着租房吗?你吃不起大餐的时候,难道不去将就着吃快餐吗?生活很残酷,当你一无所有的时候,还言之凿凿"不将就",谁给你的底气?

"微信聊天中,层次越低的人,越喜欢发语音"。这种"层次系列"的文章最扯。发个语音怎么了?还扯到层次上去了?人家就是不方便打字,行不行?再说了,什么是层次高,什么是层次低?居高临下地写文章,不怕摔个狗吃屎吗?当然了,你读一遍,它确实能自圆其说,但是,一旦应用到现实生活中,你就成了一个狂妄自大、唯我独尊的家伙。

像这种"听起来很有道理"的"鸡汤",充斥在大大小小的公众号里、纸质书里,数不胜数。如果你抱着指导人生的态度去读,很可能会害了自己。这也是为什么有些人会提出一个词,"毒鸡汤"。

3

从根本上讲,作者写"鸡汤",仅仅是想和读者分享一下自己的观点,提供一种思考人生的方式而已。通过读"鸡汤",你可以发散自己的思维,学会从不同的视角来思考一件事,看待一个人,体验一段人生。

所以,相比于你说,你写得真好,我也是这么想的,我更喜欢你说，这个想法蛮特别的，原来还可以这么想。

世上根本就没有"毁三观"这回事，只是彼此的想法不同而已。你认为别人"毁三观"，自己政治正确，谁给你的优越感？世上也根本没有"毒鸡汤"，因为"鸡汤"本就不是拿来喝的，又何来的"毒"？

文学是没有现实作用的，但它为你打开了另一个世界，"鸡汤"同样没有现实作用，但它为你提供了一种或多种观察世界的方式。

阅读，原本就是一件小事。它承载不了那么多希望，你也无须太绝望。